中华学人丛书

科学人本主义

马斯洛存在心理学的哲学研究（修订版）

◎ 张一兵 著

北京师范大学出版集团
BEIJING NORMAL UNIVERSITY PUBLISHING GROUP
北京师范大学出版社

将此书献给敬爱的李华钰老师

修订版序言

这本写于三十年前关于马斯洛①存在主义心理学的哲学小书，即将出版它的修订版。此刻，好像听到阿尔都塞那个关于意识形态质询建构个人主体的玩笑：喂！是你吗？一瞬间，就像真的回到了那个已经泛黄的青年时代，那个有些模糊、有些陌生的形上之思初启的青涩时刻，心里不免有些感慨。一是，时间流逝得过快，存在的压力让我们无法停住脚步，如果突然驻足回望，大概所有人都会一阵惊慌：我们是否在低头赶路的忙乱中丢失了自己？二是，再去看那个遥远时刻中的毛头小伙刚刚开始进入学术场境时的想法，三十年后再省思，是否已变得不堪？仔细看过这本小书，心中一些沉重放下了。我还是我，

① 马斯洛（Abraham H. Maslow，1908—1970）：美国当代著名比较心理学家、社会心理学家和管理学家。1908 年，他生于美国纽约的布鲁克林，父母皆是早年从俄国移居美国的犹太人。1926 年，他进入纽约市立学院专修法律，后转入康奈尔大学，三年后转至威斯康辛大学攻读心理学。在著名心理学家哈洛的指导下，1934 年，他获得博士学位。之后，留校任教。1935 年，他在哥伦比亚大学任桑代克学习心理研究工作助理（博士后）。1937 年，他担任纽约布鲁克林学院副教授，主讲人格心理学等课程。1938 年，在本尼迪克特指导下，他赴加拿大印地安部族进行跨文化考察研究。1951 年，他被聘为布兰戴斯大学心理学教授兼系主任。1966 年，他出任美国人格与社会心理学会主席和美国心理学会主席。1969 年，他离开布兰戴斯大学，成为加利福尼亚劳格林慈善基金会第一任常驻评议员。1970 年 6 月 8 日，马斯洛因心力衰竭逝世。其主要著作有：《人类动机的理论》(*A Theory of Human Motivation Psychological Review*，1943)、《动机与人格》(*Motivation and Personality*，1954)、《存在心理学探索》(*Toward a Psychology of Being*，1962)、《科学心理学》(*The Psychology of Science：A Reconnaissance*，1966)、《人性能达的境界》(*The Farther Reaches of Human Nature*，1971)等。

书也还能读。

　　大约在三十五六年前，我正在做心理学研究的专题。先是通读了几个版本的心理学史，然后从孔德的实证心理学开始，一个一个专题地向前推进，最后让我感兴趣的流派和人物，除去上学时就喜欢的精神分析学之外，主要是皮亚杰①的儿童心理学和发生认识论，以及马斯洛的存在主义心理学和**科学人本主义**。对于皮亚杰和马斯洛，我当时都写了几篇文章②，可关于马斯洛的思考却在论文的基础上意外写出了一本小册子。其实，我注意到马斯洛心理学的独特质性，是由于此前关注的一位英国科学哲学家波兰尼③。在当时的我看来，波兰尼是 20 世纪英国著名的科学家和科学哲学家，他以富有人性的科学观和意会认知理论在国际学术界引人注目，尤其凭其意会认知论被学界誉

---

　　①　皮亚杰(Jean Piaget，1896—1980)：瑞士当代著名儿童心理学家，发生认识论的创始人。1915 年，他在纳沙特尔大学获得生物学学士学位。1918 年，他获得生物学和哲学博士双学位。1921 年，他获得法国国家科学博士学位。1921 年，受日内瓦大学克拉巴莱德的邀请，他出任日内瓦大学卢梭学院研究主任。1925—1929 年，他在纳沙特尔大学任心理学、社会学和哲学教授。1929—1954 年，他在日内瓦大学任科学思想史教授，兼卢梭学院助理院长，同时还担任日内瓦国际教育署局长，并于 1967 年卸任。1954 年在加拿大举行的第十四届国际心理学会议上，他被选为国际心理学会主席。1971—1980 年，皮亚杰被日内瓦大学聘为荣誉教授。1977 年，国际心理学会授予皮亚杰心理学界的最高荣誉奖"爱德华·李·桑代克"奖。其代表作为：《儿童的语言和思想》(1924)、《从儿童到青年逻辑思维的发展》(1955)、《生物学与认知》(1967)、《发生认识论原理》(1970)等。

　　②　参见张一兵：《皮亚杰发生认识论研究与历史唯物主义》，载《学术月刊》，1986(1)；张一兵：《再析皮亚杰与马克思主义认识论》，载《学海》，1993(5)；张一兵：《马斯洛人本主义心理学的哲学确证》，载《人文杂志》，1989(3)；张一兵：《马斯洛心理治疗研究》，载《社会心理研究》，1991(2)。

　　③　波兰尼(Michael Polanyi，1891—1975)：当代英国著名哲学家。1891 年 3 月 12 日生于匈牙利布达佩斯。早年从事物理化学方面的科学研究，曾在柏林工作。1933 年，任英国曼彻斯特大学物理化学教授。1948 年起，又任该大学社会研究所教授。1975 年 2 月 23 日，在英国逝世。他由于提出意会(tacit)认知理论，被学界谥为"当代认识论中的哥白尼"。但因为其论著的艰深，至今未被国内哲学界共识。实为憾事。波兰尼的主要著作有：《个人知识》(1958)、《人的研究》(1959)、《超虚无主义》(1960)、《意会的范围》(1966)、《认知和存在》(1969)等。

为"当代认识论中的哥白尼"。当然，这个哥白尼革命不再是在西方思想史物性逻辑上的格式塔翻转，而是彻底走向东方的体知文化。那时，我最想写的书，是关于波兰尼哲学的。然而，这一愿望直到最近才得以实现。① 与波兰尼的观点相近的，就是试图将人本主义与科学重新整合起来的马斯洛。有趣的是，作为心理学家的马斯洛，总喜欢把自己与作为物理化学家的波兰尼联系在一起，认为波兰尼的《个人知识》（*Personal Knowlege*）与自己的观点是在宣传一种共同的思想。② 但是，波兰尼从来没有做过什么自我标识，而马斯洛的心理学研究从一开始就在自觉地建构一种新的人学逻辑框架，即将当代人类总体思想中的科学与价值、理性与非理性、理想与现实在人本主义基础上重新缝合起的现实的、总体的科学人本主义。这在三十多年前，是足以打动我的了。一方面，因为那时我已经知道，在当代欧洲现代思想史上，科学与人性、工具理性与人文情怀已经很长时间处于一种相互隔膜之中，即便是我那时已经遭遇的西方马克思主义思潮中，也出现了各持马克思思想中人的主体性或客观科学规律为一端，将马克思的整体思想活生生地撕裂开来的惨状。当时的想法真的很简单，就是想透过马斯洛的理论努力，探寻科学理性如何与人的社会历史生活真正整合起来的可能性。今天回过头来看，这个努力到现在还是有意义的。另一方面，马斯洛的存在主义心理学中提出的一些概念也是富有启发性的，如**似本能**、**高峰体验**、"第二次天真"、"再圣化"和"Z理论"等。比如，本能就是生理的存在，而所谓似本能是人的社会存在内化为存在的机制，这个概念本身就是在将科学与人性统合起来。马斯洛的高峰体验概念，也成了我自己后来构境论的重要缘起之一。今天看来，这本小书中，可以看到不少影响自己后来思想发展的潜在要素。

此次修订，没有对正文的观点做任何大的改动，我想真实地呈现文本的历史原生态。所做的工作，一是简单梳理了文字，重新校订了

---

① 指刚刚完成初稿的拙著《意会认知与构境——波兰尼的认识论研究》。

② 参见［美］马斯洛：《动机与人格》，许金声、程朝翔译，3页（序言），北京，华夏出版社，1987。

全部注释，二是补充了少量的新文献和重要概念的部分英文原文。

　　让青年的我眼中的马斯洛重新在场，不是想述旧，而是等待今天学术新人们的思想重构。今天二十岁的你们，一定比那个泛黄时代的毛头小伙子厉害。

张一兵

2019 年 3 月 17 日于南京龙江

目　录

代绪论：西方人学的思想逻辑演进

现在，马斯洛的心理学图书流传很广，随手买了一本《存在心理学探索》(云南人民出版社 1987 年版)翻翻。看不几页，序言中竟赫然写着这样一段话，即作者自称他的人本主义心理学是在伽利略、达尔文、爱因斯坦、弗洛伊德和马克思实现的革命之上的一个新的思想革命，因为他的思想创立了"**普遍世界观的一个新的方面，一种新的人生哲学，一种新的人的概念，一个新的工作世纪的开端**"①。脑海里首先闪现的念头是疑惑。如果将自己夹在几位思想大家中间就能成为大家，岂不是太容易了吗？

一种挺怪的好奇心促使我找来了马斯洛的另外几本书。开读之前又生二疑。一是，为什么国内会突然如此流行与马斯洛相关的书呢？除去《存在心理学探索》，年把间又译出了《人性能达的境界》(云南人民出版社 1987 年版)、《动机与人格》(华夏出版社 1987 年版)、《自我实现的人》(生活·读书·新知三联书店 1987 年版)、《人的潜能和价值》(华夏出版社 1987 年版)、《第三思潮：马斯洛心理学》(上海译文出版

---

① ［美］马斯洛：《存在心理学探索》，李文湉译，5 页(序言)，昆明，云南人民出版社，1987。马斯洛在另一本书《动机与人格》的序言中，称自己的哲学是一种新的 Zeitgeist(时代精神)的一个局部表现，是一种新型的普遍、完整的人生哲学(philosophy of life)，这种新型的人本主义的 Weltanschauung(世界观)似乎是在用一种面貌全新，前途远大，令人人振奋的方式来设想人类知识的全部领域，例如经济学、社会学、生物学。以及所有的行业，例如法律界、医学界，和所有社会，例如家庭、教育、宗教，等等。参见［美］马斯洛：《动机与人格》，1～2 页(序言)。——笔者修订版

社 1987 年版)、《人类价值新论》(河北人民出版社 1988 年版)等。加上新近出版的《科学心理学》(云南人民出版社 1988 年版),几乎囊括了马斯洛的全部代表作。二是,左右看看,书出了这么多,这位进了现代管理学和心理学教材的马斯洛为什么很少有人进一步去研究?最令人费解的是,至今少有从哲学视角投出的目光。怪了。

直到翻完手头上的马斯洛,疑惑似乎才化解了一些。原来马斯洛是人学,合"文化大革命"结束后中国现实精神生活之大潮,故有出书热;再者,马斯洛的这种人学深嵌在心理学具象资料中,而其隐性框架不易为人透视,故较难引起世人的思之共振。也难怪了。

不过可笑的是,此刻我却已在一定的意义上接受了马斯洛的"大话",并生出不少奇奇怪怪的想法来。特别是当我在查找一些外文资料的过程中,发现西方人竟然也没有对马斯洛的哲学逻辑框架进行必要的哲学确证时,这就触发了我对马斯洛思想进行哲学逻辑界定的冲动。我朦胧地感到,马斯洛的确在树立一种新的世界观,它代表了一种将**科学和人性整合起来的新的理性意向**。如果从西方人学思想史发展的深层逻辑上看,马斯洛代表了**西方人学的第五代:科学人本主义的发展趋向**。

既然谈及西方人学的"代",就得先翻一下西方人学的思想史。这也算是本书的一个理论逻辑上的导引吧。

在西方,**关于人的思想自古就是有的**,而**人的学问**却是在历史进入特定时期以后才出现的。在远古时代人类历史之初始,当人刚刚从混沌的自然界同一母体中步出的时候,人并不知道"人"是什么。这时,人虽然抬起了头、挺立起自己的身躯,并开始用自己的双手创造出自然的新世界(也正是由于这种作为新的依存基础的中介,才使人区别于其他与自然仍然合一的动物),可是,面对着自己刚刚离开的、还在淌着乳汁的自然界,深深的眷恋之情结是无法割断的。很自然地,人将自然看成是有七情六欲、像人一样生存着的生命体,他想象着山川、花草和动物都**该有自己所具有的一切特性(人性)**。于是,这就不自觉地导致了人类主观能动性的第一个巨大的硕果——拟人化泛灵论和图腾神话。这是**人性的第一次从内向外的投射**,这也是一次成功的主体泛化。这种情形至今仍在人类每一个体发育的婴幼儿时期中缩影式地重复着。当代瑞士心理学家皮亚杰曾经对此有过十分生动的描述。①

在自然母亲那巨大的身影里，那些神奇的威力和奥秘越发使人生出一种掺杂着深深恐惧的崇敬之感。这时的人类，无论在实践的力量还是心灵情感的承受力方面都是十分苍白无力的。"人是如此脆弱，以至于一滴水都可以使人致死。"（帕斯卡）而在自我意识中，人自己的身影就更加渺小。终于有一天，他跪倒在自然的面前，**自然崇拜**是必然的。可是，"人始终没有意识到，他是如何拟人的"（歌德），人也没有意识到，自然的神力恰恰是自身主体性的理想化主观映射。正是人将自己的灵性投射给自然，自然才变得如此**超人**，才变成了神。同时，在人与人的关系上，人并不承认自己（种族）之外的人是人，"人对人是狼"（霍布斯）最先形成于生存竞争中的人类争斗。那种把古人类生存状况描写成天堂境地的浪漫主义是荒谬的，历史上从来就不存在一个美好的平等的原始人的本体社会。因为这种平等、共有的人与人的关系只是在非常狭窄的血缘圈子内才是存在的，一旦超出这个界限，他人就是非人的。在人的血缘群族之外，正是人践踏着人本身。

随着历史的推移，社会财富的丰裕使人在实践中开始摆脱了对自然母亲的直接依存，逐步形成的人的环境系统成为人自己创化并能够支配的对象。可是，人类历史早期发展的每一步却都是以人的自我否定为代价的，人的新的创造力使得大多数人沦为非人的奴隶（"会说话的工具"）。在这里，更多的人直接变成了**物人**。此时，人开始变得拥有巨大的支配欲，他要支配物，支配其他（非）人，他甚至**想要**支配整个世界。于是，这就需要有**万能的力量和无限的智慧**。而当人自己还不能实现这种欲求时，他就只能（不自觉地）在主观中造出一个**超人超自然的完人**来，这就是上帝（真主或佛陀）！这也是**人性的第二次对象化总体投射**。可是，当人的理想化本质异化出这样一个神人的形象时，却全面否定了人自身的现世存在。中世纪是人的毁灭：人的现实定在

① 参见［瑞士］皮亚杰：《儿童心理学》，吴福元译，北京，商务印书馆，1980；［瑞士］皮亚杰：《儿童心理的发展》，傅统先译，济南，山东教育出版社，1982。

是罪，人的真实存在的终结却成了升华。这是彻头彻尾的非人逻辑。历史就是如此无情，人追求绝对本质，最终却彻底丧失了自己，这不能不说是一个极大的悲剧。有的国外学者认为，宗教神学也是人学（兰德曼）。从直接的意义上看，神学的本质不是人学，而是反人的。

这就是西方人学的史前史。人只是在自己的毁灭中才开始最初的自我反省：人，你究竟是什么?! 这样，在人本身的生与死的搏击中，终于吹响了向人自己进军的神曲（但丁），"人"，**人的主义**像初生的婴儿在思想史的产房中呱呱落地了。

中世纪的结束揭开了一直遮掩在"人"身上的沉重的历史帷幕，人的学问，作为一种觉醒了的人的理性反思登上了思想史的舞台。也是从那时起，西方人学理论的发展迄今已历经**四代半**。

西方的人学（humanism，直译为**人的**主义）在中文中由人文主义、人道主义和人本主义三个词分别进行意向指称，这是对人学具体历史理论内涵不同意译的结果。① 大约这已是西方人学的前三代。

人文主义：西方关于人的学问的出现，从一开始就是与人自身的一种新的生存方式相关联的，这就是以物的交换为目的的资本主义生产方式。在 14 世纪下半叶的欧洲，随着资本主义生产方式在封建社会后期的萌发，新兴的资产阶级开始逐步在历史舞台上崛起。可是这时，在中世纪形成的那种"动物式的"（马克思）世袭等级制度底层，正锁着将要成为新社会主要自由劳动力的无数农奴，新社会需要"人"，新兴

---

① Humanism（德文：Humanismus）一词产生于 14—16 世纪欧洲的文艺复兴运动，由拉丁文 homo（人）一词逐步演变而来。最早，大约是古罗马政论家西塞罗在 homo 的基础上使用了 humanitas（拉丁文：人情、人的教养）一词，其意思是指培养人的精神的教育制度或个人才能最大限度的发展。后来，又先后出现了 humanus（拉丁文：人的、仁爱的）和 humaniors（新拉丁文：表示古代文学、语言、知识领域及其研究的集合名词）。Humanism 也就是这三个词的派生物。可是在文艺复兴时期，当时人们用得更多的主要是 studia humantatis（人类主义的研究）或 humane lirerae（人的文学）一类有具体内容的词组。直到 19 世纪初，德国教育家弗·伊·尼塔梅尔（1766—1848）才第一次在《当代教育课程理论中博爱主义和人文主义之争》一文中构成了 humanism 一词。

的资产者需要打出"人"的旗帜，所有这一切，都只有砸碎束缚"人"的锁链才有可能。在当时，欧洲最大的封建领主就是政教合一的罗马天主教会，是宗教神学给封建专制统治罩上了一道神圣的光环，也正是在神学的帷幕下，人被否定了，上帝成了人灵魂中的统治者，人们在赞美天上乐园的同时，却在论证着地上的专制王国。所以，要打倒地上的封建主，就得先推倒天上的偶像，要解放自由劳动力，就得重新肯定人的价值。然而，因为这时的新兴资产阶级还没有足够的力量直接向封建制度宣战，这种搏击就转形为文化艺术领域中反对宗教神学的间接斗争。这样，在当时欧洲资本主义发展最早的意大利，就孕育了一场以研究人为中心的大规模文化思想运动。

可是，又由于新一代的"人"尚未形成自己新的文化框架，就不能不选择重新评价和复兴古代以拟人化的"神"为中心的希腊罗马文化的途径，来煅造新人的形象。我们知道，古希腊罗马文学艺术的主体是丰富多彩的神话传说，在这些神话传说中，大多数神祇都被描写成具有人性的美好的感性形象，比之于基督教的上帝，他们更有人的情感、欲望和世俗的德行，这实际上是古代人类对自身的美化图腾。新一代的布尔乔亚人正是通过对古代人的文化肯定，来曲折地表现他们托古改制、借名取利，重新肯定人的价值和权威的强烈愿望。他们要用人打倒上帝，用人性取代神性，提倡人的现世自由生活和幸福，最终建立新的社会，这是**第一面高高扬起的人的旗帜**。我们看到，在但丁、薄迦丘、达·芬奇等一系列伟大的名字之下，历史又增添了光辉的一页：意大利文艺复兴运动。以后，这场文化运动在 15—16 世纪逐步扩展到欧洲各国，从而形成了一个在全世界具有广泛影响的人学社会思潮和文化运动。在后来的史书中，人们就把这些参加文艺复兴运动的思想家统称为 humanist，即人文主义者。① 这就是西方人学的第一代。

---

① 在我国的文字中，很早就有"人文"一词。古之"人本"本意为孔教文化，如《周易·贲卦》："观乎人文，以化成天下。"又有特指与自然相对而言的人事之意，如《后汉书·刘虞公孙瓒陶谦列传》："舍诸天运，征乎人文。"所以，鉴于文艺复兴运动是以肯定人的文化来恢复人及其现实地位的文化思想运动，在翻译时，humanism 就被意译成了"人文主义"。

人道主义："人"在文化形象中复归之后，随着人类历史的逐步发展，资产阶级的羽翎也渐渐丰满起来。他们不再满足于一种感性形象的寄托，而要求现实的生存解放。一方面，他们仍然撒播着焚烧神学殿堂的火种；另一方面，则开始把反对神权转变为反对封建政权，把用文化铸成的利剑直接变成了砸碎地上锁链的铁锤。

由于现实中的人需要觉醒，需要生存启蒙，人学就成了追求人生价值和权利的思想启示录。在这里，人文主义那种抽象地要求人性来代替神性，用恢复人的尊严、提倡人的思想自由来反对宗教神学的禁欲主义和超人的万能上帝的努力，被一种"在毫不掩饰的政治战线上的作战"取代（马克思）。人文主义那种一般的人的原则被具体化为"自由、平等、博爱"的政治口号。启蒙的人学第一次公开提出了自然法意义上的"天赋人权"，要求人在政治上的平等，他们已经在直接抨击不平等的非人的封建等级制度。在孟德斯鸠、伏尔泰、卢梭等人的著作里，理性成了"人的本性"，"人生下来就都是平等的"，而自由则是"天赐的东西"。"君权神授"的招牌被"主权在民"的车轮辗碎，而在腐朽不堪的非人王国的废墟上则被预言将要诞生一个人的民主共和国。在这以后，又有了以狄德罗、爱尔维修等人为代表的 18 世纪法国唯物主义的哲学论证、以康德等人为代表的德国古典哲学强调人的自我主体性为中心的理性思想革命，至此，人的形而之上的"道"被建构出来了，**人学第一次从理论形态上站起来了**。上述这样一些思想家，虽然他们从未自我标榜为人学，但在思想史上，人们还是把他们归在 humanism 的名下，即人道主义。这也就是西方人学的第二代。①

———————————

① "人道"一词在中文中，本意是与"天道"相区别的人类社会道德规范的总称。《易·系辞下》："有天道焉，有人道焉。"同时，也用它来表示古代阶级社会中人在政治权利方面的等级，《礼记·丧服小记》："亲亲、尊尊、长长、男女之有别，人道之大者也。"显然，这种含义与我们所介绍的人学第二代的理性主题并不一致，后者倒正是要促使前者发生变革的。恐怕只是在政治法律权利以及社会道德这一同一对象的意义上，在翻译中，18 世纪以后的 humanism 没有再译为"人文主义"，而转译为"人道主义"了。在此，人道主义是特指一种政治思想方面的人学理论，而在后来的实际运用中，人道主义一词的含义又不断超出这个词的最初限定。

人本主义：在火与剑的搏斗中，理性的人最终战胜了"神"。而人在历史进程中成熟后的喧闹，惊醒了黄昏时飞起的猎头鹰。人的哲学诞生了。在 19 世纪德国理性主义发展的末期，出现了一种完全以哲学思辨的逻辑来论证"人的本质"，并用此去勾画整个人类历史图景的哲学构架，这就是费尔巴哈关于人的本质的人学。

我们知道，自康德以来强调自我主体作用的人学理性主义，到了黑格尔那里便为一种突显客观理念总体运动的非人的逻辑所中断。因为在黑格尔的绝对理性视界中，人的个性（"激情"）消融在理念的共性（"理性的狡计"）之中，人仅仅否定性地存在于国家之中，这种非人的意境必然是向前走的人类现实生活所无法容忍的。黑格尔的客观逻辑大厦终于被炸碎，胎生出的却是突出人的个性自我意识（走向人的感性存在的中介）的青年黑格尔派，这也是费尔巴哈人学的直接母体。费尔巴哈第一次从人的整体出发，从人的真实生存出发，确立起人在思想史上的地位。他再一次打倒了披着绝对观念外衣的上帝，并进而用肉体的、感性的人取代了传统人学中那种无实体的、精神的人（理性和自我意识）。这是西方人学思想史上一个伟大的冲击，这种冲击之中从一开始就深深隐匿着一种新的人学逻辑基点。准确地说，费尔巴哈的人的哲学是对传统人本主义和人道主义进行的更深层次的理论逻辑确证。费尔巴哈并不用人去简单地反对神，他弄清楚了，神正是人造的，是人类主体生存的理想泛化。人学本身正是神学的真正秘密。上帝不过是人的本质之"异化"，天堂不过是人间生活的理想化异在。人只有扬弃人的本质之异化（存在），才可能真正复归于人的本质（理想主体状态）。费尔巴哈向前走了，人不仅站在神的对面，也站在一切现实存在状态的对面，人类的本质与存在状态的对立才是人学理论真实的超越性引导构架。人不会满足现状，因此要超越自身，人类历史就是人的本质（先验主体）的异化和复归的运动。显然，费尔巴哈造就了**第一个人学逻辑**，他将散落在传统人学思想家那里的有价值的人性规定整合起来，完成了西方人学思想史上的全面集合和理论建构。费尔巴哈是第一位真正意义上的人学大家，也是第一位促使人学走向现代的人。

费尔巴哈的人学是西方人学史上的第三代,即人本主义。①

这就是西方人学的前三代。就目前的实际情况来看,人道主义其实已成为一个人学的总体范畴,它包括了一切以人为中心的政治文化思想、哲学理论以及现实社会运动。但在具体的理论内涵上,人文主义、人道主义和人本主义又都是它们一定的理论指向性,这是值得注意的。另外,在很长一段时间内,一直存在着一种奇怪的论调,似乎凡是人道主义则必定是"资产阶级意识形态",这是十分可笑的。因为这不符合历史史实。众所周知,16、17世纪以来,在西方思想史上就曾出现过以抨击资本主义制度为主要内容的空想社会主义的人道主义,这恰恰是早期不成熟的**无产阶级**愿望和要求的反映。此外还有青年马克思的人学思想,虽然当时(1845年前)马克思尚未创立科学的世界观,但在意识形态上已坚定地转到无产阶级的革命立场上来了。马克思正是通过对人学(人本主义)历史观的批判,才最终确立了马克思主义新的世界观。用从人的现实的历史生产过程出发的实践唯物主义历史观代替了从抽象的人的本质(理想化的"劳动")出发的异化史观;以科学社会主义取代了抽象的人道主义。但是,马克思从来都没有彻底否定和抛弃人道主义,而是把人道主义作为社会主义的现实目标来实现的。科学的人学是马克思主义一个非常重要的组成部分,而全面自由发展的"大写的人"正是我们共产主义全部事业的最终目的。②

更重要的是,马克思以后,西方人学作为一种现实的思想运动并没有中断,而是进一步向前推进了。一方面,相对于落后的民族和地

---

① 在我国的文字中,本无"人本"一词。所以早期的译著中多是按原文 human essence(德文:das menschliche Wesen)直译为"人的本质",而 humanism 一词则意译为"人本学"(关于人的本质的哲学),后来才逐步演变成"人本主义"一词。在此还应该说明的一点是,人本主义在外文中还有另一个词与之相对应,即 anthropologism(德文:Anthropologismus)。该词一般直译为"人类主义"。其实,这个词与 humanism 一样源于拉丁文 homo,而 anthropologism 则源于希腊文罢了。

② 笔者不赞成那种以马克思早期著作作为构架使马克思主义人道主义化的做法。马克思主义不是抽象的主体人学,而是科学。科学的人道主义是马克思主义科学框架的一个子结构。

区，作为民主主义和人道主义出现的人学仍然不失为一面引导现实"政治解放"（马克思）的战斗旗帜。这一点，我们从当代拉美、南部非洲人民反对殖民主义、种族压迫，以及近期在亚洲兴起的反对专制统治的民族民主解放运动中都可以清楚地看到。而另一方面，现代西方人学形成了它的第四代，即新人本主义。

新人本主义是 19 世纪末到 20 世纪中期西方人学思想发展的一条主线。我们说，传统的人学到费尔巴哈终结了，以推崇理性为人之本性的人学观念在费尔巴哈自然主义的感性冲动中开始了最初的消融。新人本主义的起点是由施蒂纳否定类存在的"唯一者"和克尔凯郭尔的"那一个"个体存在所奠定的，而后来的生命意志论中，叔本华和尼采都将人的本质视为非理性的情、意、欲，在柏格森那里，它又进一步激变为一种"内在于"生命中的本能创化之绵延，人的本质现在只能通过透视理性的直觉来体验。这是古典人本主义（理性）向新人本主义的重大转向。这种新的人学逻辑在现代西方人学的发展中不断得到强化。20 世纪以后，实用主义曾经使人学出现过一次入世还俗，在詹姆士、杜威那里，人的类本质被消解为个体的感性经验活动，人本主义直接外化为一种生活效用和抽象的价值肯定。胡塞尔的现象学严格地说并不是人本主义，却是现代西方人学思想史上的一次人学逻辑方法之总结：新人本主义的内在直觉法被系统确证了。胡塞尔之后，新人本主义在萨特的存在主义哲学中攀上了顶峰。由于法西斯主义对人性的践踏，人本主义散发出悲观主义的忧伤：一贯被捧上了天的人的本质却只能在生命历程中的磨难和死亡中去内省和领悟，这是西方人学在特定历史条件下的畸变。但不管怎样，存在主义的确创造了新人本主义最完整的逻辑体系和全面的哲学论证。

应该注意：现代新人本主义比之于古典人本主义已有了一些明显的不同特征。**首先**，古典人本主义强调人与自然的统一，人必须服从自然的本性，并复归于自然；而现代新人本主义则突出人的不同于自然，强调人自身的本质就超出自然的规定。**其次**，在人与人的关系上，古典人本主义主张个人与类（社会）的一致，人的本质即社会的、类的规定；而现代新人本主义则由人类本位转向个人本位，提出个人只有在反对他人中才是自由的。因为新人本主义不再满足于一般地谈论抽象的人性，而重视人的个体生存状态，从个体的心理本能结构中确认人的主体能动性。**再次**，古典人本主义认为人的理性与感性是一致的，理智是感性的基础，非理性自然要回归于理性；而今天的新人本主义则突出理性与感性的对立，人越来越丧失自己的理性，并发现非理性的直接生存状态是人的真正现实本质。

还需要加以界说的一点是，在现代西方还存在着一种"西方马克思主义"的人学理论。我们知道，西方马克思主义是马克思主义现实发展进程中的畸变物。可以说，它是 20 世纪初西方工人运动失败、法西斯主义出现、国际共产主义运动受挫以及西方资本主义进入新的发展时期的适应性混合物。西方马克思主义本身并不是一个完整的人学理论系统，但从这股思潮的主流看，却存在着一条内在的人本主义思想逻辑。马克思主义者卢卡奇和葛兰西在反对第二国际庸俗经济决定论的错误时，偏向了社会历史过程主体的一面。总体性原则的实质是为了清除经济力量的优先性中的物化存在，因为现实资产阶级的强大，迫使他们去寻求无产阶级的"阶级意识"。20 世纪 20—30 年代法西斯主义对人类整体命运的威胁，青年马克思《1844 年经济学哲学手稿》的发表，使人性和人道主义一度成为西方马克思主义积极重新确证的主题，马克思主义就是人学。这是一种批判的、对人的生存现实积极干预的人学，它在法兰克福学派对当代资本主义的整体批判中得到了最充分的显露。从总体上看，西方马克思主义的人学的内在基础正是现代西方的新人本主义。

我们可以说，当代西方人学发展的主流是新人本主义。可是，今天自然科学和社会实践的最新进展又正在导引着西方人学思想发展的新的超越。

只要我们能够进行一些深层的逻辑透析，在当代新人本主义发展的进程中就不难发现一条正在萌生的新的逻辑线索，即力图将人本主义与科学融合起来的理论意向。我们知道，新人本主义自产生就与现代西方科学主义哲学相对峙，并与之共同支撑着西方总体思想格局的两端。这是现代西方总体思想的畸形裂变！

　　第一个自觉地举起当代人学新旗帜的是意会哲学的创始人波兰尼。波兰尼的人学理论视角与狄尔泰①反对科学因果观泛化的观点似乎有极大的相近点，他也是从对 20 世纪的科学主义的讨伐起步的。在波兰尼的眼中，当代的科学主义倾向是"招致 20 世纪惨祸"的根源，科学中的客观实证观和还原主义消灭了作为科学主体的人本身，使科学成为一种非主体性的物的机械信息处理过程。波兰尼认为，科学从来就是由具有充分人性的个体的知识构成，这是人的创造性活动，而不是物的外部静止投射。对此，波兰尼提出了一种人本主义的个人科学认知论框架，并从中引申出一个人学的科学本体论来。波兰尼极力主张科学与人应该是合一的，科学本身就应该是充满人性的东西。当然，在这里波兰尼并没有试图建立一种新的人学世界观。这也许就是马斯洛人学思想产生的当下背景。

　　作为心理学家的马斯洛，总喜欢把自己与作为物理化学家的波兰尼联系在一起，认为他们"是在宣传一种共同的思想"。但是，不同于视界还十分狭小的波兰尼，马斯洛的心理学研究从一开始就在自觉地建构一种新的人学逻辑框架，将当代人类总体思想中处于分裂状态的科学与价值、理性与非理性、理想与现实规定在人本主义基础重新缝合起的现实的、总体的科学人本主义。这也就是我所称之谓的当代**西**

---

　　① 　狄尔泰(Wilhelm Dilthey，1833—1911)：德国思想家，生命哲学和解释学的著名代表人物。1833 年，他出生于德国黑森州威斯巴登市莱茵河畔的比布列希镇(Biebrich)的一个新教牧师家庭。其外祖父为知名音乐指挥，母亲是音乐的狂热爱好者，所以狄尔泰从小就受到音乐的熏陶，能很好地演奏钢琴，并研究过作曲。1852 年，他从威斯巴登中学毕业后，入海德堡大学学习神学，一年后转入柏林大学。1964 年，狄尔泰以论文《施莱尔马赫的伦理学原理》获得博士学位。他曾先后在巴塞尔大学、基尔大学、布雷斯劳大学任教。1883 年，他接替著名哲学家洛采任柏林大学哲学系教授。1886 年，他荣任普鲁士科学院院士。1911 年 9 月底，狄尔泰在赴意大利途中染病，10 月 1 日病死于塞斯(Sies)。其主要著作有：《施莱尔马赫的一生》(1872)、《精神科学引论》(第 1 卷，1883)、《描述与分析心理学的观念》(1894)、《解释学的兴起》(1900)、《体验与诗》(1905)、《青年黑格尔的思想历程》(1905)、《生命哲学入门》(1907)、《精神科学中世界历史的建构》(1910)、《世界观的类型学》(1911)等。——笔者修订版

方人学第五代的趋向。

众所周知,马斯洛主要是一位心理学家,但他通常并不能进入传统的心理学"正册",因为他的心理学试图在当代已经开始偏离实验心理学框架的行为主义和弗洛伊德的精神分析主义之间,去寻求一种"第三条道路",即人本主义心理学(或者"存在心理学")。① 马斯洛也正是以这种人学心理理论的代表人物著称于世的。人本主义心理学是 20 世纪中期在美国兴起的心理学流派。其主要成员还有弗罗姆②、罗杰斯③、梅④等。⑤ 可是,从目前国外心理学界对马斯洛的评述来看,他

---

① 参见[美]马斯洛:《人性能达的境界》,林方译,8~9 页,昆明,云南人民出版社,1987;[美]马斯洛:《存在心理学探索》,5 页(序言)。

② 弗罗姆(Erich Fromm,1900—1980):著名当代美籍德国犹太裔哲学家和心理学家,也是早期法兰克福学派的主要代表人物。他出生于德国法兰克福,1922 年在德国海德堡大学获工学博士学位,此后先后在慕尼黑大学和柏林精神分析研究所工作。1934 年,他去往美国,先后在芝加哥心理分析学院、耶鲁大学、哥伦比亚大学任教。其主要著作有:《逃避自由》(1941)、《为自己的人》(1947)、《健全的社会》(1955)、《爱的艺术》(1956)、《马克思关于人的概念》(1961)、《在幻想锁链的彼岸》(1962)、《人心》(1964)、《占有还是生存》(1976)等。

③ 卡尔·罗杰斯(Carl Ransom Rogers,1902—1987):美国心理学家,人本主义心理学的主要代表人物之一。他从事的是心理咨询和治疗的实践与研究,主张"以当事人为中心"的心理治疗方法,首创非指导性治疗(案主中心治疗),强调人具备自我调整以恢复心理健康的能力。罗杰斯 1947 年当选美国心理学会主席,1956 年获美国心理学会颁发的杰出科学贡献奖。其主要代表作为:《咨询和心理治疗:新近的概念和实践》(1942)、《论人的成长》(1961)、《自由学习》(1969)等。——笔者修订版

④ 罗洛·梅(Rollo May,1909—1994):美国心理学家,美国存在心理学之父,也是人本主义心理学的杰出代表。20 世纪中叶,他把欧洲的存在主义哲学和心理学思想介绍到美国,开创了美国的存在分析学和存在心理治疗。他曾两次获得克里斯托弗奖章、美国心理学会颁发的临床心理学科学和职业杰出贡献奖和美国心理学基金会颁发的心理学终身成就奖章。其主要代表作为:《心理学与人类困境》(1967)、《爱与意志》(1969)、《存在之发现》(1983)等。——笔者修订版

⑤ 参见[美]B.R.赫根汉:《人格心理学导论》,何瑾、冯增俊译,海口,海南人民出版社,1986;[美]马斯洛:《人的潜能和价值》,林方译,北京,华夏出版社,1987。

的哲学价值明显是被低估了。大多数论者只是将他与人本主义心理学的其他代表人物放在并列的地位上，并没有意识到马斯洛其实是一位超越实验心理学材料之上的**人学思想家**。正是他揭示和系统确证了人本主义心理学家的哲学本质。在这一点上，他的地位与当代美国另一位著名人本主义心理学家弗罗姆是十分接近的。弗罗姆对心理学的超越是借助于弗洛伊德和马克思主义的嫁接，他也建构了一个完整的人学体系。但从总体上看，弗罗姆的人学努力仍然落在西方人学第四代——新人本主义的逻辑之中。相比之下，马斯洛站在了更高一层台阶之上，在他的心理学研究中映透着一种超越一切传统人学（包括新人本主义）的崭新的人学思路。

所以，我们在这里并不是想去一般地重新评价马斯洛在当代心理学中的地位，而是要揭示人们忽略了的，却又是马斯洛向人类思想史特别是西方人学思想发展提供的一些有价值的东西。因此，本书是一本哲学书。本书的直接目的并不是系统介绍和评估马斯洛的心理学成就，而是要从心理学理论的深层找出形而之上的"道"（人学），即**科学人本主义**的基本框架。这样，比较完整地从哲学的视角批判性地发掘出马斯洛新人学的逻辑出发点，在此基础上建构出的哲学本体论结构、新的认知理论、人的理想境界，以及这种新人学理论在现实生活中的泛化和影响，就成了本书的主要任务。

第一章　科学人本主义的逻辑构架

> 科学蒙昧主义已经弥漫于我们的文化，而且由于它为科学确立了虚假的关于精确性的理想，如今这甚至扭曲了科学自身。
>
> ——波兰尼

历来，人学都是诗，是充满浪漫色彩的美好理想，也因此，具有价值悬设的人学似乎始终对现代科学理性怀有深深的敌意。马斯洛要创立一种新的人学，异想天开地要求科学去拥抱人，要求人性的超越本质立足于现实，要求人学本身应该是自我圆满的。马斯洛多少有点成功了，在他心理学的探索道路上，我们的确看到了一种新的充满人性的科学，在他的身后展开了一面簇新的人学旗帜：这就是现实的、总体的科学人本主义。

第一节　传统科学观"非人"性的证伪

对于充满热情的人类来说，现实往往是残酷而冰冷的。特别是近代以来，西方科学与文明的进步为什么会给人性带来了历史的扭曲？这个迷总像一个摆脱不掉的阴影缠绕着每一个人学家的心灵。从古典人学家卢梭开始，科学的发展就被视为人性沦丧和异化的病源；在现代法兰克福学派的批判框架中，科学干脆被看成是统治阶级从内在精神人格中控制人的最大意识形态之潜网。在此，所有人学家共同的理论基点都是否定性地把批判的火焰喷射在科学和技术之上，也因为如此，他们也就始终陷在一个巨大的理论悖论之中：人类历史的行进无法缺少科学，而科学却又是现代人本身异化的根源，这在现代社会历史发展中科学成为"第一生产力"的情境下，人学家是愈加困惑不解的。这也许需要一种新的视界来解脱。

新的思路始于新人本主义哲学家狄尔泰。狄尔泰思想的立足点不再是抽象地否定科学本身，而是从科学的**实证方法**的证伪开始其新的解析的。狄尔泰认为，在启蒙运动以后，科学取得的长足进步对历史发生了巨大的推动作用，这是无可争辩的事实。问题的关键并不在于科学技术本身，而在于人们以往对科学的**态度**，这就是19世纪以来在欧美大陆形成的夸大自然科学绝对性的那种以**物**为模式的实证主义思潮。在实证主义中，科学方法就等于经验方法，人被拒斥在科学运演之外，特别是关于人文科学的主体性规定都作为形而上学而被抛弃。在这种科学观中，人是没有任何地位的。针对这种观点，狄尔泰提出要建立一个把人作为独立的研究对象的人文**科学**，这种科学立法不再是经验的因果关系，而是来自人心灵内部的**精神理解**。我们看到，狄尔泰并不排斥科学，而正是要建立起关于人的科学方法论，即一门内含着人类精神的科学。①

如果说狄尔泰的观点还是想在人的科学与自然科学之间进行某种界定的话，那波兰尼的科学批判一开始就在向科学特别是自然科学本身**索要人性**。波兰尼自己就是一位物理化学家，他在科学的研究中深深地感到科学本身的危机。在1946年完成的《科学、信仰和社会》（*Science，Faith and Society*，1946）②一书中，波兰尼就指出，科学危机的最大根源是作为科学方法论基础的还原主义和客观主义。**还原主义**起源于传统的原子主义分析法，这是拉普拉斯机械决定论的主要

---

① 参见［德］狄尔泰：《精神科学引论》第1卷，童奇志、王海鸥译，6页，北京，中国城市出版社，2002。

② 笔者注意到，这本书对马斯洛的影响巨大。在1966年的一篇未刊文章中，马斯洛曾这样谈及波兰尼的这本书："这是一本值得一句一句反复阅读的书。这本书我读了四个月，现在我又开始重新阅读，所有从事行为科学研究的人都应该认真阅读这本书。"参见［美］马斯洛：《洞察未来：马斯洛未发表的文章》，许金声译，111页，北京，华夏出版社，2004。——笔者修订版

方法论构件。"科学的意向至今还是拉普拉斯的意向：用运动中原子式的认知代替一切科学的认知。"①当前科学的中心范式就是这种机械的还原主义。在这种科学的还原中，还原主义把所有现象复杂的结构简化为可以实证的要素，用失去整体机制的构件来说明系统的性质，从根本上歪曲了科学研究的真实性。而人被化简为一架没有知觉、没有情性的机器，或干脆被变成了一团支离破碎的欲望和仇恨。由于属于人的个人因素的情感和追求被排除在科学认知过程之外，科学中也就不再有人作为主体所应该承担的责任。主体的人从科学中消失了，人变成了物。至多，人是被物的规律机械决定的物体。科学变成了**反人**的理论。

客观主义是伪科学观的第二块基石。客观主义把可证实的经验事实性视为科学的标准，科学成了感性实验的记录，再者，这种事实的普适性成了真理的标准，这就根本排除了人在科学活动中的参与，排除了科学中人的价值和评价性认知的可能性，造成了事实与价值、知识与人的真正存在之间的分裂，从而导致对**个人的否定**，最终造成人的本质之异化。在这里，波兰尼的分析是十分深刻的。众所周知，从社会历史发展的角度上看，启蒙运动正是以宣扬理性特别是要求人的个性为出发点的，个人主义也是西方社会自工业革命以来最大的思想前提，可是科学自身的发展，却又从根本上把人的个体从科学中驱赶了出来。在当代西方的社会生活中，科学变成了合理化生存的模式，科学支配着人，把人变成了一种标准的、齐一化的、丧失了自己个性的新式机械装置，科学可悲地异化为意识形态的教化机器，科学成了毁灭人性的最大软性隐框架。②

那么，如何才能使科学与人性重新结合起来呢？波兰尼认为，科学如同艺术一样，是科学家(人)主体性的创造活动，而任何科学家主体都是个人，因而，个人的认知活动是科学活动的真正基础。因而科

---

① [英]波兰尼：《意义》，彭滂栋译，26页，台北，台湾联经出版社，1981。

② 参见马尔库塞的《单向度的人》、哈贝马斯的《作为"意识形态"的科学技术》等著作。

学首先是不可还原为物的，科学是人创造的整体系统，它是人类主体的能动活动。同时，在整个科学认知形成的过程中，个体的参与是无时不在的。在作为实证科学基础的经验材料的形成中，在任何当下直接经验的感性操作获得中，都无法摆脱实验参测者个人的理论参考系和行为动作的介入，在此，科学的绝对客观性标准在起点上就是虚假的。同样，科学理论总体逻辑运演本身就是一定科学主体个体的价值、信仰、特别是个人对理论框架的特殊选择和主观偏好，所以任何科学理论框架都是以个人意向为先导范式的特定结果。从这个意义上讲，科学认知是个人认知，这种个人的认知活动是真正的科学知识。①　波兰尼正是通过个人知识在科学活动中的作用来说明科学本身就具有人的意向，科学方法是人的认知方法，科学是人的科学。波兰尼的人学科学观的影响，直到 20 世纪 70 年代才明显突现出来。在当代一些著名科学哲学家的思想中，我们都可以看到波兰尼的影子。参见库恩的《科学革命的结构》、瓦尔托夫斯基的《科学发现：案例研究》等。

　　马斯洛在第一本表明自己哲学框架的《存在心理学探索》的序言中宣称，在对待当代科学的基本看法上，他与波兰尼的立场是完全一致的。他写道："我的《科学心理学》(*Psychology of Science*)和波兰尼的《个人知识》(*Personal Knowledge*)清楚地证明科学的生活也可以是热情的、美好的，对人类怀有希望和发现新价值的生活。"②这是一种"人本主义和整体论的科学观"。可是，事实也许并不像马斯洛所自我感觉的那样，他与波兰尼在共同的理论方向上，落点却是大相径庭的。这种差别主要表现为：其一，波兰尼立足于科学方法，以个人认知在科学运演中的实际作用，说明现代科学方法论的基础石之虚假；其二，波兰尼在自己的理论建构中力图创造一种新的科学认知理论，即从个人知识的意会结构(tacit structure)中泛化出一个认识论构架。而马斯洛则不同了，他不仅要改变科学方法，而且要**改变科学**；他不仅要说

---

①　参见［英］波兰尼：《个人知识——迈向后批判哲学》，许泽民译，26 页，贵阳，贵州人民出版社，2000。

②　［美］马斯洛：《存在心理学探索》，7 页(序言)。

明科学中**包含着人性**——"科学是科学家人性的产物"①，而且要在更高的层次上去论证**人性的科学基础**，以创造出一个新的人学逻辑框架来。这正是马斯洛在狄尔泰-波兰尼思路上实现的一种全新的理论变革。它的出现从一开始就造成了现代科学观的深层爆裂。

马斯洛是一位心理学家，所以他只能从心理学的个体科学中走出来。我们知道，心理学最初是作为一门实验科学从哲学的母体中挣脱出来的，当它跨出哲学殿堂的大门时只带去了一句格言，即"人是机器"。人不是作为人，而是作为物体被研究，这正是当时整个自然科学研究状态的真实写照。在早期的实验心理学中，人的心理机制恰恰是被"非人地"对待的，即把心理现象视为与自然对象相同的客体对象进行科学研究。在通常的心理学的实验量表和框架中，绝没有整体的人类主体，而仅仅残余着作为**客体的、自然人的或归为低等动物**的心理学碎片。② 这一点，无论是冯特的心理元素分析，还是詹姆士、杜威等人的机能实用主义研究，甚至一直到后来的行为主义的刺激反应说，其核心都是丧失了"人味的"，与其他生物没有本质差异的"物化人"的分解。马斯洛指出，现代的心理学是消极的非人心理学。这是一种过分实用主义和机能主义的产物，由于它过分关注技术和技术的种种长处，也就忽视了作为心理学本质的人学基本原则、目的和价值。在传统的心理实验中，首先是将研究对象——人——完全当作一个物体或者一台没有知觉的机器来处理，然后，如果第一步失败了，再把他归于低等动物之列，如果再失败了，这才勉强地、很不情愿地将他看成是一个绝无仅有的、比其他生物种类更复杂一些的东西。可是，我们始终没有把这个"他"作为一个不同于任何物，也不同于任何生物，甚至不同于任何其他人的个体来研究。"**正是**这些不可能在物体、机器、老鼠、狗或者猴子身上发现的复杂性和独有的特性，**正是**这个既不是物理学家也不是生物学家，而只有心理学家才有资格来处理的主题，

---

① ［美］马斯洛：《科学心理学》，林方译，4 页（序言），昆明，云南人民出版社，1988。

② 参见［美］马斯洛：《动机与人格》，338 页。

却一直被固执地忽略了。"①于是，人的心理现象干脆变成了某种物件的属性，人从心理学中彻底地被消灭了。

在我看来，这种对心理学"物化"倾向的反叛始于弗洛伊德。弗洛伊德是**第一个心理学中的新人本主义者**，虽然他依旧以生物性内趋力为出发点，但它已经确确实实地在标注**个人的主体自我的完整系统质**。尤其重要的是，弗洛伊德研究人的全部基础已彻底背离了传统心理学的那种实验主义的框架，而着眼于非经验非理性的个人的无意识。在此，弗洛伊德的心理学已经向**哲学的人**回跨了一步。可以说，这也正是马斯洛思想逻辑萌发的最初基点。

马斯洛的人本学的思路正是从这种对现代心理学的批判性哲学反思开始的。他指出，今天的心理科学成了一种纯描述性的东西，这使得以人为研究对象的心理学把人放在自己的理论视线之外，这是一个极大的不幸。不仅如此，**非人**的心理学的基础正是当代的科学。马斯洛认为，19世纪的科学中那种"来自历史偶然的科学模式和它的全部工作"，使科学把非人的物作为研究的起点，物理学、天文学、化学似乎直到它们变得脱离价值，使得客观的描述成为可能时，才是所谓科学。他认为，这种"从事物的、动物的、局部过程的等非人格的科学沿袭而来的一般的科学模式是有局限性的，当我们企图认识和理解整体的、独特的人和文化时是不适宜的"②，会是一个更大的大错误。比如，建立在这种科学模式之上的心理学（以客观主义、联想主义、脱离价值的实证主义为依据），当它由无数细小的事实构筑成像珊瑚礁或像一座山一般堆积起来的时候，它当然不是虚假，却是琐细的，对人本身的研究没有任何意义的。因为它"丢弃的一个课题"——正是"人"本身。它没有回答，"什么是人独特的和规定性的特征"，"对于人是如此重要的、没有它人就不再成其为人的东西是什么"。心理学究竟回答了什么，我们不得而知。在这里，马斯洛引用了麦克莱施的一段话。他说，现代科学观的错误"不在科学的伟大发现——有知识总比无知识好

① ［美］马斯洛：《动机与人格》，338～339页。
② ［美］马斯洛：《科学心理学》，4页（序言）。

些，不论是什么知识或什么无知，错误在于知识背后的信念，即认为知识将改变世界。那是不可能的。知识没有人的理解，就像一个答案没有它的问题一样是无意义的”①。马斯洛赞同这种说法，当代科学的问题在于那种在经验背后的**非人的理论框架**。正是这种东西造成了科学本身的病症。

马斯洛几乎愤怒地写道：现在的科学"**已经**走进了一条死胡同"。因为按照他的理解，科学真理应该是整合的，它是人性和认知的统一，是**真善美的同一**，而当今的科学研究却完全失去了"热爱、创造性、价值、美、想象、道德和快乐"，这样，科学本身就是在"撕裂事物而不是在整合它们，从而，科学是在绞死而不是创造事物"。科学成了一种离开了人而自行运转的客体，主体与客体被粗暴地割裂了。这是当代科学发展的**自我异化**。马斯洛提出，这种离开了人的"20世纪西方世界整个思想路线，包括传统实证主义科学和哲学"都亟待重新审视和批判。像波兰尼一样，马斯洛视实证主义为传统实证科学的理论依据，因为这种科学哲学把自己装扮成"道德上中立、价值上中立"的客观主义，在理论深层支撑着那种非人的科学观。马斯洛认为这是一种"伪科学思维"，对此，他喊出了"逻辑实证主义已经死亡"的口号。

首先，马斯洛赞同波兰尼的观点，机械的**原子还原论**是当代科学病症在方法论上的源头之一。因为，这种原子论把研究对象割裂为碎片，用原子-静态论的形式，使科学活动本身变成了一种可悲的标签化(rabricizing)的过程。在这种情况下，人们研究一种经验或行为本身，把它们看成是独一无二的、自具特征的，也就是说，把它们看成是与整个世界上任何其他经验、行为迥然不同的东西，它们仅仅是这一或那一经验类别、范畴或标题中的一个例证或代表。这样，科学就不再是真正的认知，而是一种给原子或事实例证贴标签的机械过程。也由于这种"标签化是一种部分的、象征性的，有名无实的反应，而不是一种完整的反应"，科学本身就被破坏了。② 马斯洛指出：原子论的思维

---

① ［美］马斯洛：《人性能达的境界》，172页。

② 参见［美］马斯洛：《动机与人格》，242页。

方式是某种形式的轻微的心理变态，或者至少也是认识不成熟症候群（syndrome）的一种症状。马斯洛曾经以自己在画廊中的某种无意识的隐性心态来说明"标签化"的错误。他发现如果观众如先要看作者的姓名牌子而不是先看画，那就不能真正去领会欣赏而是**分类**。例如，有一次马斯洛在画廊中看画，先是看到一幅著名画家勒努瓦的画："是的！一幅勒努瓦的画，非常典型，没有什么了不起，容易认出来，没有什么引人注意的，没有必要研究它（因为我已经'熟知'它），没有什么新鲜的。下一幅是什么？"另一次，当马斯洛未看姓名先看画，情形则不同了：这是"一幅极漂亮的画"，此时，马斯洛**真正是在看并真正在欣赏**，然而当马斯洛再去看作者的署名时，却吃惊地发现它竟出自一个极不时髦的作者甘斯波罗的手笔！马斯洛说，假如他先看了作者的名字，他或许竟不会看画本身，因为在他的头脑里装的是先验的分类和排列系统，他早已判决，甘斯波罗不会带给他任何乐趣，是不值一顾的。对此，我们可以设想在同时观赏齐白石、徐悲鸿的并非上乘的作品和无名之辈的佳作时的心态。

其次，马斯洛抓住了一个科学主义病症中的重要问题，即**方法中心论**。方法中心论把"科学与科学方法混为一谈了"①。在这种科学观中，科学的本质在于它的仪器、技术、程序、设备以及方法，而并非它的疑难问题、功能或者目的。人们往往将技师、设备操纵者，而不是"提问者"和解决问题的"人"推到科学的统治地位上。在科学活动中，过分注重数量关系，并将其视为目的；让自己的问题适应自己的技术，而不是相反；将科学分为等级，刻板地把科学划分为各个部门，在它们之间筑起高墙，使之成为彼此分离的疆域。我们应该注意到，波兰尼虽然试图用方法上的个体性来说明科学的人性，但他始终也没有跳出这种方法中心论的泥坑。在这一点上，马斯洛有他非常深刻的一面。马斯洛曾十分生动地拿这种片面的科学方法作了一个比喻。他列举了一部精巧而复杂的自动洗汽车机，能把汽车刷洗得很漂亮，但它**只能**做这一件事，任何别的东西进入它的掌握后都只能像一部汽车那样接

① ［美］马斯洛：《动机与人格》，14 页。

受洗刷。马斯洛说:"假如你所有的唯一工具是锤子,那就会诱使你把每一件东西都作为钉子来对待。"①

最后,马斯洛也反对科学中的**客观主义**倾向。他认为科学过去不是,现在不是,并且也永远不可能是绝对客观的。科学无法完全独立于人类价值,科学永远只能是人类主体的科学。这是因为,

> 科学是人类的创造,而不是自发的、非人类的、或者具有自身固有规律的"物"(*per se* "thing")**自体**。科学产生于人类的动机,它的目标是人类的目标。科学是由人类创造、更新以及发展的。它的规律、结构以及表达,不仅取决于它所发现的现实的性质。②

所以,科学本身就是建立在人类价值观基础上的,并且它本身也是一种价值系统。人类的感情的、认识的、表达的以及审美的要求,给了科学以起因和目标。所以,简洁明了、用语精炼、优美雅致、朴素率真、精确无误、匀称美观,这类审美需要的满足不但对工匠、艺术家或哲学家是价值,对于数学家、物理学家同样也是价值。

总之,"在人之外的全部价值的源泉全部崩溃了"。那种离开了人而存在的**物的科学观**也崩溃了。③ 科学只能是人的科学,必须使"科学重新人性化"(rehumanizing),这也是新时代的口号。④

第二节 人本主义和整体论的科学观

要在马斯洛看来,今天的时代已经在向前走了,今天的人们对"上

---

① [美]马斯洛:《科学心理学》,13 页。

② [美]马斯洛:《动机与人格》,1 页。中译文有改动。参见 Abraham H. Maslow, *Motivation and Personality*, New York: Harper & Brothers, 1954, p. 1. ——笔者修订版

③ 参见 Abraham H. Maslow, "Existential Psychology——What's in It for Us?", in Rollo May (ed.), *Existential Psychology*, New York: Random House, 1961, p. 53.

④ 参见[美]马斯洛:《科学心理学》,5 页(序言)。

帝死了有所反应，或许对马克思死了这个事实也有所反应"，他们不仅知道外在的宗教寄托是无用的，而且外在的"政治的民主和经济的繁荣在他们身上并没有解决任何基本的价值问题"。在欧洲存在哲学的"新人本主义"（neo-humanistic）思潮中，对个人本身的关注成为一种焦点。① 所以他认为，我们的科学"除非转向内部、转向自己，否则就没有价值观念的栖息地"②。这也就是说，今天的人类科学思维总体的注意焦点又重新从内部转向了人。马斯洛指出，整个现代科学的理论都面临着一次伟大的变革，这场革命的实质就是真正克服"主体与客体的分裂"，要求科学必须把注意力投射到对"理想的、真正的人，对完美的或永恒的人的关心上来"，真正建立一个**充满人性的科学观**。马斯洛认为，近十几年来科学的发展实际上已经在提供着这样一种新科学观，即"人本主义和整体论的科学观"③。人本主义，是科学的真正本质，而整体的规定则是科学方法论新的基本特质。

在马斯洛看来，人性和价值正是科学活动的内在规定，科学只能是**人学**。他认为：

> 科学自身来自于人和人的激情与利益，如波兰尼所光辉地指出的。科学自身应该是一部道德规范，如布罗诺夫斯基所说的，因为，假如你承认真理的固有价值，那么，所有各种后果都能由于我们自己为这一固有价值服务而产生。我要再附加一条作为第三个论点：科学能**寻求**价值，并能在人性自身中揭示这些价值。④

在传统的科学观中，人们一直以为科学是一种客观地认知外部世

---

①　参见［美］马斯洛：《洞察未来：马斯洛未发表的文章》，110 页。——笔者修订版

②　［美］马斯洛：《存在心理学探索》，9 页。

③　［美］马斯洛：《动机与人格》，3 页（序言）。

④　［美］马斯洛：《人性能达的境界》，26 页。中译文有改动。参见 Abraham H. Maslow, *The Farther Reaches of Human Nature*, Penguin Book, 1993, p. 20. ——笔者修订版

界的实证理论，"他们坚持主张科学完全是自主的，能够自我调节，并将科学视作一场与人类利益无关的，有着固有的、任意的棋类规则的游戏"①。显然，这种观点是大错特错了。科学恰恰是**为了人**也由于与人类利益始终相关才得以产生和存在的。马斯洛指出，科学在最初产生时所标明的本质就是"一种帮助人类的手段"。在古希腊的科学中，虽然柏拉图式"纯粹"非体力的沉思是一种牢固的传统，但注重实际和人道主义的倾向也相当有力。一般说来，对于人们的趋向归属的感情，以及对人类之爱的感情，往往是许多科学家的原始动机。比如，培根就期望他的科学能大大改善人类的贫困和疾病的蔓延。而要从科学家个人来看，情况就更清楚了，我们那些伟大的科学人物，都不是狭隘的工艺学家，而是有着广泛的人的兴趣的人道主义者，从亚里士多德到爱因斯坦，从达·芬奇到弗洛伊德，大师们都是多才多艺的、具有丰满人性的人。而那种"纯理论科学家所能达到的境界不是爱因斯坦或牛顿，而是搞集中营试验的纳粹'科学家'和好莱坞的'疯'科学家"②。离开了人的价值和丧失了人性的科学只能是"病态的"科学！

马斯洛主张，科学应是充满人性和人类价值的科学，在一定的意义上讲，科学的力量"没有一种不是人的力量"。科学就是主体性的人的科学。他认为，原来在传统科学观中起关键作用的"客观性"和"公正的观察"都是需要重新解释的术语。③

第一，传统科学观那种"排除价值"的态度是可笑的，不现实的。因为，科学如果不是为了人的利益和价值就不可能存在，科学首先是对人**有益**的，这是科学真理的效用性层面。关于这一点，一直被传统科学家们固执地忽略了。马斯洛指出那种"力求成为纯客观和非人格的科学是狭隘的"。在旧科学观中，似乎一谈论价值就变成了"不科学的"，或者甚至是反科学的。于是，价值被武断地推到了科学以外的另一边，被"推给诗人、哲学家、艺术家、宗教家和其他心肠虽热而头脑

①　［美］马斯洛：《动机与人格》，1页。

②　［美］马斯洛：《动机与人格》，4页。

③　参见［美］马斯洛：《动机与人格》，9页。

较软的人"。价值成为"无关紧要的"东西，永远被置于科学认识能达到
的范围以外。于是，在这种科学活动域中就出现了独特的**盲目认识者**
(blind knowers)："植物学家看不见花的美，儿童心理学家使儿童在恐
惧中逃避，图书馆管理员不愿让书借出，文艺批评家以高傲态度对待
诗人，枯萎的教师为他的学生而毁掉了他的学科，等等。"①在这种价
值的盲目中，博士硕士们只是"持有证书的蠢人"和郁郁寡欢的无真才
实学者，他们发表文章只是**为了避免默默无闻**。马斯洛曾谈到一个姑
娘在舞会上对另一位姑娘议论这样的博士："他不是有趣的人；他除了
他的论据以外什么都不懂。"马斯洛认为，这是一种十分愚蠢的看法。
价值从来就只是科学的内在本质，它们客观地存在于科学探索的深处，
因为内部保留着心灵的科学是远远**更强大**的而不是有所**削弱**的科学。②

退一步说，如果排除价值因素是为了使我们的科学观察不受到干
扰，那么就更应该关注价值在科学中的作用。"防止人类的价值观干扰
我们对自然、社会以及我们自身的感觉的唯一途径，是始终对这些价
值观有非常清醒的意识，理解它们对感觉的影响，并借助这种理解的
帮助，做出必要的修正。"③价值是排除不了的，正视价值在科学中的
固有作用才是唯一科学的态度。

第二，在人类规律和非人类规律的科学研究中，科学主体性(价
值)的表现又有所不同。对于自然界规律来讲，人们似乎总是从"纯粹
的"无利害关系的好奇心出发，去认知对象世界，因为

> 非人类的实在独立于人类的愿望和需要。它们既不是慈善的，
> 也不是恶毒的，它们没有意图、目的、目标或官能(只有生物才有
> 意图)。它们没有意动的和表达感情的倾向。假如整个人类都消失
> 了，这些实在仍然存留……④

① ［美］马斯洛：《科学心理学》，54 页。
② 参见［美］马斯洛：《人性能达的境界》，153 页。
③ ［美］马斯洛：《人性能达的境界》，7～8 页。
④ ［美］马斯洛：《动机与人格》，9 页。

所以，人类可以尽可能"客观地"去接近它们。但是，对于另一类对象，即不同于自然界的那些与人类自身生存有关的现象和规律就不同了，"愿望、担忧、梦想、希望，完全表现得不同于卵石、电线、温度或原子。哲学和桥梁并不是以同样的方式构成的"。对于一个家庭和一块水晶，显然必须以不同的方式研究，而在这两种研究方式中，前者的非客观性自然又会更加突出一些了。

第三，人的科学认识视界的有限性。人类是在一定的科学认知水平上面对世界和自己，形成不同的科学世界图景。马斯洛认为，新科学观不再寻求那种绝对客观、永恒正确的科学真理，而主张科学真理本身的相对性，这是科学主体性(人的因素)的一个极重要的特征。因此马斯洛说："康德的这一主张的确是正确的：我们绝不可能完全认识非人类的实在，然而我们更接近它，多少真实地去认识它却是可能的。"①

我们不难看出，主体性(人性和价值)作为科学的本质特征，并不是由人们的主观好恶决定的，而是当代科学和人类思想总体发展对科学本质的清醒反省。在科学运动的发展中，承认科学的"人性"，一方面是为了更好地使科学为人类服务，另一方面也让人们意识到科学本身发展的历史相对性。这也是现代科学观的一个了不起的自我认识。②用马斯洛的话来说，就是科学本来即人学，不过这一问题今天更加清楚一些罢了。

针对传统科学观中那种基于"旧物理学之上"的科学的原子-还原论，马斯洛还进而揭示了现代科学方法论的整体功能特质。马斯洛的分析是从对心理学的"原始材料"的研究开始的。他让我们注意到，在传统心理学家那里，心理学的原始材料被视为"分解为各种成分或基本单位的那种原本所有的复合状态"③，而在实际上，任何原始的心理学资料都不可能是什么单独的"肌肉痉挛""基本感觉""反射作用"之类，

---

① ［美］马斯洛：《动机与人格》，9 页。

② 参见张一兵：《论当代哲学认识论研究方向的重大转变》，载《求索》，1987(3)。

③ ［美］马斯洛：《动机与人格》，358 页。

而必定是人的**整体情境**的结果。"如果对这一矛盾进行深思，我们很快就会明白，这种对原始材料的寻求本身反映的是一整套世界观，即一种将世界基于原子论假说之上的科学哲学——在这个世界里，复合物都是由单一元素所构成的。"①马斯洛认为，这正是那种"原子论、机械论的世界观在科学上的反映"。从本质上看，这种旧科学观"集原子论、分类说、静态论、因果论和简单机械论于一身"，在方法论上则表现为一种抽象的"还原-分析"（reductive-analytic）法。马斯洛惊呼，这决不是"**科学的根本性质**"！

在马斯洛看来，现代科学的最新成果越来越突现着一种新的科学系统结构，即整体的功能性特质。与旧科学观不同，这种新科学观"是整体论的而不是原子论的，是功能型的而不是分类型的，是能动的而不是静态的，是动力学的而不是因果式的，是目的论的而不是简单机械论的"②。在方法论上，这种新科学观则表现为"整体-分析"（holistic-analytic）。

首先，新科学观的**整体性思想**（holistic throughout）。在传统的科学原子-还原主义看来，世界是由无数相互孤立、自我封闭的要素或实体构成的，而新科学观则着眼于世界的整体性内在关联。马斯洛说，如果我们从存在着的无以计数的关系类型中进行选择，就会发现，宇宙的任何一个部分同所有的其他部分有着某种关系，每一件事都的确确与另外的每一件事有着联系，即使有的只是以极其微妙、极其遥远的方式发生联系（如石头与思维）。世界是一个普遍关联着的有机整体："宇宙总是一个整体，有着内在的联系；每一个社会总是一个整体，有着内在的联系；每一个人总是一个整体，有着内在的联系……"③正因为如此，我们就只能按照整体论（holism）的观点去观察和研究世界，"整体性的世界观"（holistic outlook）是唯一科学的方法。

但是，为什么会出现那种原子论的观察结果呢？马斯洛深刻地分

① ［美］马斯洛：《动机与人格》，359 页。

② ［美］马斯洛：《动机与人格》，363 页。

③ ［美］马斯洛：《动机与人格》，3 页（序言）。

析道："世界的内在联系性也会不无道理地被生物学家或物理学家或化学家以一种完全不同的方式割断"，造成特殊的相互封闭的系统，但是这完全是某种特定理论"观察角度的产物"①！"目前是(或者目前看来是)一个封闭系统，一年之后就可能不是，因为一年之后的科学手段有可能被改善得足以证明，的确有这种关系。"②马斯洛甚至明确地指出，这是"一种普遍的、物质性的联系性"！马斯洛说，新的科学观强调整体思想，但这不是放弃部分和细节的分析，必须首先把握世界和对象的"整体特征，总的结构，全部的构造和所有的相互关系"，然后再从总体的视角去"更为细致地分析整体的各个细节"，这样，才能更真实地透视对象的本质。

马斯洛十分赞赏**格式塔心理学**(Gestaltpsychologie)③。对世界整体结构的独特研究，即注重观察事物和现象的整体质料场(material field)的观点。马斯洛曾用"心理风味"形象地说明了这种整体论的观点。他说，

---

① [美]马斯洛：《动机与人格》，388页。引文内黑体字部分为笔者所标示。

② [美]马斯洛：《动机与人格》，388页。

③ 格式塔心理学(gestalt psychology)，又叫完形心理学，是西方现代心理学的主要学派之一。格式塔心理学诞生于德国，纳粹上台后在美国得到进一步发展。1912年，德国心理学家韦特海默(M. Wertheimer，1880—1934)在法兰克福大学做了似动现象(phi phenomenon)的实验研究，并发表了文章《移动知觉的实验研究》来描述这种现象。这一般被认为是格式塔心理学学派创立的标志。由于这个学派初期的主要研究是在柏林大学实验室内完成的，所以有时又被称为柏林学派。学派的代表人物除了韦特海默，还有他的学生、助手柯勒(W. Kohler，1887—1967)和考夫卡(K. Koffka，1886—1941)。在对gestalt的英译上，考夫卡采用了E. B. 铁钦纳(E. B. Titchener)对structure的译文configuration。完形心理学说反对冯特的感觉原素还原论和知识积累说，并把那种简单地连接知觉并决定心理整体的统觉理论发展成一种心理意识现象的**深层整体制约理论**。该学派既反对美国构造主义心理学的元素主义，也反对行为主义心理学的刺激-反应公式，主张研究直接经验(即意识)和行为，强调经验和行为的整体性，认为整体不等于并且大于部分之和，主张以整体的动力结构观来研究心理现象。他们第一次提出了心理感知场的问题，指出了心理现象的发生和发展是由主体意识内部的某种结构制约的，而各种心理现象的确定和稳态状态(心理态势)都取决于特定意识背景的整体决定。——笔者修订版

一份菜由各种不同的成份所构成，但却有它自己的特色，如一碗汤，一碟肉丁烤菜，一盘炖肉等。在一盘炖肉中，我们用了许许多多原料，却调制出了一种独一无二的风味。它的风味弥漫在炖肉的所有原料之中，可以说是同单独的原料无关。……这里，我们同样既可以考虑逐个加起的独立部分，也可以考虑虽由部分构成，但却有一种"风味"的整体，这种风味不同于由单个部分所带给整体的任何东西。①

整体不同于部分的相加之和。我们不难看出，马斯洛在这里实际上是表现了现代系统理论中所确证的**系统质**。整体性的观点是当代科学理论框架的突出特征，在这一点上，马斯洛是完全正确的。

其次，新科学观的**功能性特征**。与传统科学观那种静力学的观点不同，新科学观更加注重事物和现象在实际的相互作用中发生的功能性特质。科学的整体性正是建立在世界的一种动态的功能关联和转换之上的。在系统整体中，对象和现象都在发生源源不断的相互作用，其中"每一个部分都以此来不断地以某种方式影响所有其他的部分，而这一部分反过来又被所有的其他部分所影响，整个行动就这样不停地同时进行"②。因此，我们对每一事物和现象的研究都只能在功能性的意义上进行，而不是把对象变成一个静止的独立的东西。马斯洛用在研究人体的胃的两种不同方式生动地说明了这一点：在第一种情况中，我们把胃作为一个孤立的、分立的、静止的东西来看，它变成一块死去的肉体组织；而在第二种方式中，"也可以让它处于自然状态来进行研究，即在有生命、有功能的有机体内进行研究"③。后一种情况下，胃是作为人体的一个生理消化器官的表现形式，同时，它也同人体的器官之间的丰富多彩的相互关系（如胃与食道、胃与肝、脾、肠道等器官的整个生化系统）上来研究。这种结果显然是会截然不同的，功能性

———————

① ［美］马斯洛：《动机与人格》，369 页。
② ［美］马斯洛：《动机与人格》，374 页。
③ ［美］马斯洛：《动机与人格》，360 页。

研究会更真实地接近事物的本质。

最后,新科学观的**非线性因果规定**。在传统科学观中,线性因果观处于核心地位。马斯洛将其称为"简单的弹子球式的因果观"。在这种观点中,"一个单独物体对另一个单独物体产生了某种作用,但所有被牵涉到的实体却都继续保持着它们各自的基本特征"。马斯洛认为,这种"一对一或直线"式的因果关系是十分虚假的,因为世界内部固有的相互联系过于错综复杂,因而不能像描述弹子球在台子上的咔嗒一响那样来被描述。"弹子球现在不是被另一个球击中,而是被另外十只球同时击中"了!世界的功能性整体关系决定了整体的每一部分都是所有其他部分以及这些其他部分的所有组合体的因和果,每一部分又都是这个部分所属的整体的因和果。事物都是作为整体变化的。

比如,拿人来讲,"任何一个重要的表现,如写作一篇自己感兴趣的论文,并不是由某一特别事物引起的,而是对整个人格的一种表现或创造;这人格反过来又是几乎所有它所经历过的事情的结果"①。马斯洛风趣地问道:"我一小时前吃的那个三明治是我现在写下字的原因呢,还是我喝下的咖啡,还是我昨晚吃下的东西,还是我多年前上的写作课,还是我一周前谈的那本书?"答案不可能是简单的。

也是根据这些科学方法论的特征,马斯洛提出了自己的一种十分特殊的科学理论描述法,即**症候群的方法**。症候群是从医学中借来的术语,它原指一种多种病状的复合体,这些症状通常同时发生,导致某种病态。而马斯洛则认为,原来这种医学上"纯粹相加"意义上的规定应改造成一种"有机的、有结构的、相互依赖"的科学整体描述。症候群不同于孤立的、被分解的部分相加之和,而是强调被描述对象的"整体特征的主要品质(意义,风味,或宗旨)",在这种总体性质的导引下,再去探讨影响对象自身发生作用的"所有因素"。这样,症候群就是"以一种有点循环的方式被界定为多种多样因果的有机组合体",从而更加真实地从整体性、功能性上全面地把握对象。

我们必须指出,在马斯洛的整个理论中,这种类似**医学临床诊断**

---

① [美]马斯洛:《动机与人格》,366 页。

的症候群的描述方式贯穿在他的每一种理论分析中。这一点，我们将在后面的讨论中不断看到。

第三节　似本能：人学需要一个实证科学的基础

当然，注意人的向内转决不是放弃科学，不是退回到古典浪漫主义和一般哲学人本主义的逻辑思辨中去，而是把人的研究**直接建立在经验科学的基础**之上。在这一点上，马斯洛的立场十分明确。马斯洛的人本主义心理学是**科学**，他的"资料"和理论基础"是通过十二年心理治疗工作和二十年人格研究搜集起来的"①。同样，他的整个理论演进和分析也是按照实验科学的道路行进的，就是他的最终结论也是以一种能够经受检验的形式提出的。② 所以，马斯洛是要在心理学中建立起一个既"以经验为依据，同时又包含着人性的深度和高度的人本主义心理学体系"。这也就是马斯洛自认为他的理论所实现的"静悄悄的"心理学革命。马斯洛并不赞成某些反对传统科学的批评家，如存在主义哲学、心理治疗学家甚至艺术家，他们走到了科学本身的另一面，将科学视为一种对"人的价值"的威胁而全盘否定之。这样，"他们替换科学的想法往往是赤裸裸的异想天开和狂热的迷信，非批判的和仅凭个人经验的自私的兴奋，过分依赖冲动（他们把冲动和自发混淆起来），专横的怪念头和激情，无怀疑的狂热，最后只看到自己的肚脐眼和唯我论"③。马斯洛认为，这种倾向与非人性的科学观是同等级的危险。

马斯洛认为，传统的人学之所以一直无法走出谷底，就是因为人学的研究实在缺乏一个实验科学的坚实基础。因而，新的人学的起点首先就在于寻求一个人性研究与实证科学直接相连的过渡点，以找到**人性结构的可操作的实证科学基点**。

那么，如何才能解决传统人学人性结构的非科学病症呢？

---

① ［美］马斯洛：《存在心理学探索》，17 页。

② 参见［美］马斯洛：《人的潜能和价值》，257 页。

③ ［美］马斯洛：《科学心理学》，6 页（序言）。

在马斯洛看来，从早期人学一直到当代新人本主义的基本理论，恰恰在人学最重要的关键理论——人性结构中失落了**科学的基础**。在任何一位人本主义的著作中，人性始终是一个含混和极不确定的东西，也正因为人性结构的基础仅仅是一种抽象的形而上学的确定，就使得人的本性变成一种主观随意性极大的非科学规定。人们可以把它说成是理性的思维，也可说成是非理性的意志、冲动和情感关系，但人性究竟是什么，至今谁也说不清楚。马斯洛主张，真正的人性结构的确定只有通过寻找人类本质特性的真实基础来实现，而这又只能由科学本身来确证。

马斯洛是从这样一种新的理论视角来提出问题的：确定任何一个事物的本质，都必须找到真正属于这一个事物本身的真实特性，这种特殊的属性必须是该事物区别于他物的基本规定。比如，我们确定某种动物的特点，重要的依据是从生理基础上找到属于这一种类动物的生物本能特征，再由这种本能在生物生存活动中的功能发挥来确定这一动物的特点。人，也应该如此。这就是说，我们也要找到那种与人共生灭的、人所特有的东西，并且，这种东西就像动物本能从科学的意义上被**实证地**把握。人的像本能一样的真实本性，但又不是生物性的本能。

在这里，马斯洛很自然地转向对当前生物学和心理学本能理论的批判性审视。马斯洛指出，今天的科学也研究本能，但这种研究畸变为两个极端：本能论和反本能论。本能论者用人的遗传来解释人的一切特性，似乎人没有任何东西能够完全脱离生理遗传；相反，反本能论者则主张人的完整品质和特性无法用本能来界说。马斯洛问道，我们为什么不能摆脱那种非此即彼的两分法，而不是寻求到一种辩证的理解呢？

马斯洛进一步分析道，那些赞成通过本能来研究人性的本能理论家，仅仅是在动物本能的意义上来规定人的。① 因为，我们往往是在对低等动物的研究中来观察人的生物本能，这也就是说，我们过分强

---

① 参见[美]马斯洛:《动机与人格》，93 页。

调了人与动物世界的连续性，而没有去探讨人与动物的根本差别。这就必然导致了我们在研究人的生物本质中，只在一般冲动的意义上外在地罗列各种本能，以使人的每一种本能都适应于任何一种动物。相反，任何只在人身上有的而在动物身上没有的冲动则是非本能。可悲的是，我们从来没有这样去思考问题：有没有"人类独有的本能"，或者说人所独有的科学意义上的特殊本性呢？

在通常的科学中，人的进化似乎在高级阶段上不再以本能为基础，而是已被一种"适应性"取代，这些适应性大都以后天的学习、思考和交往为基础，如爱情、理性等需要似乎是无法用本能来解释的，所以，人类没有自己的本能。这样，在人性问题的研究上，就逐步失去了科学的基础，仿佛在生物科学、心理科学的意义上，人只与动物在生理机能上具有共通性，而人的独特的本质则是"形而上学"研究的对象了。这是传统的科学和人学相对立却共同落入的同一误区。

马斯洛认为，我们应该架起科学与人性之间的桥梁，而不是去筑起相互遮蔽的墙。这个桥梁是什么呢？就是**似本能**(instinctoid)**规定**。马斯洛说，除去现在人们对人性已做出的基本规定，"人也还有一种更高的本性，这种本性是似本能的"①。这是真正科学意义上的确定人性的高级层次。这也是马斯洛寻求人性研究科学基础的基石性环节。

我们知道，人之所以为人，就是因为人的本质中的**精神生活**。它是人性的一个规定性特征，没有它，人性便不成其为允分的人性。它是真实自我的一部分，是一个人的自我同一性、内部核心、人的种族性的一部分，是丰满人性(full humanness)的一部分。② 这是我们最高层的本质，也是我们最深层的本性。可是必须指出，人的这种精神本性是与"低级的"动物本能生活处在同一连续系统上的。它是人的**生物**生活的"最高部分"，但仍旧属于它的一部分。马斯洛认为，我们这里所说的精神生活很明显是根源于人的生物学本性，它不过是一种"高级的"动物性，因为人的高级本性的确定之先决条件是健康的"低级动物

———————————

① ［美］马斯洛：《动机与人格》，1页（前言）。

② 参见［美］马斯洛：《人性能达的境界》，32页。

性",这两者是**在层次系统上整合起来的,而不是相互排斥的**(如传统的科学与人学)。

这也就是说,人性的深层本质规定具有一种类似生物本能的特征:"我们每一个人都有一种本质的内部天性,这种内部天性是似本能的、内在的、特定的、'天然的',即有一种可以觉察得到的遗传决定性,而且这些内部天性强烈地倾向于保持……"①我们说,这种本性尽管已经被古典的、脱离价值的科学、以物理学为模型的科学抛出实在的领域,却仍然能由人本主义科学重新肯定为研究的对象和技术的对象。②换句话说,人的这种似本能规定可以为科学的"深层诊断和治疗的技术"所实证地揭示出来!因此马斯洛说,他赞成经验科学的实证精神,但又"拒绝接受它们制造出来的人的形象"。如果人性的研究要成为科学(非形而上学!),就只有以实证科学的方式来确证人性结构,这里唯一的可操作的通道就是人的似本能规定。国内有的论者认为,马斯洛的似本能研究(高峰体验等)是将人的高级本性归结到生物本能中去了,这是一种误解。③ 人性的似本能性正是马斯洛科学人本主义价值(人性)与科学(实证)双向建构之逻辑论证中的一个重要支点。

那么,究竟什么是人的似本能呢?马斯洛从现在本能研究的误点中向科学迈出了决定性的一步。他指出,我们如果真实地去分析人的生物特性进化过程,就不难发现人在离开动物的种系递升阶梯时,他的新的超出动物的高级欲望仍然是一种类似本能的东西,或者说,这是一种不完全的、程度不同的本能。但是,这种东西当然**不是本能**,即不是先天的、动物性的工具行为、能力或满足方式,而是属于人的存在的新的现实冲动和欲望。似本能的表现是由人的生物机体结构和活动作用来决定的,这是人比其他动物更强烈的基本需要(如人对信息、对理解、对美、对科学和艺术的需要)。

似本能首先是不同于一般生物本能的高级(精神)本质,可它却具

---

① [美]马斯洛:《存在心理学探索》,171 页。

② 参见[美]马斯洛:《动机与人格》,321 页。

③ 参见李泽厚:《中国古代思想史论》,212 页,北京,人民出版社,1985。

有本能原基，是人生存的基本需要。因为，人的生存不仅仅是动物式的物质过程，他超出动物的根本质点正在于人的**精神生存**，人失去了支撑自己精神生存的基点，他就会生病，从内心深处生病。这种病会让人彻底地垮掉，从灵魂中死去。

人的似本能不同于社会创造出来的一般价值观念和规范。人们学会了一日三餐，学会礼貌待人，学会使用汽车，我们穿戴整齐，为等级竞争，为金钱朝思暮想……然而，这一切强大的习俗在受到挫折和压抑时，可以没有痛苦，甚至还可能有积极的结果。在特定的情景中，我们可以轻舒一口气而将它抛到九霄云外，承认它们的"非本质性"。然而，对于另一些东西，如爱、安全或尊重，我们却决不能如此。这些东西正是人性中类似本能的规定性，它们不是抽象的，而是人本身像"骨骼和血管一样，不可缺少的部分，就像人体对维生素 D 的需要一样"，假如你从食谱中排除所有的维生素 D，你将生病；而如果你剥夺了对孩子的爱，就会杀死他们。[1] 对人而言，真理的剥夺会导致人变成妄想狂；而美的剥夺，则使人抑郁不安，甚至会引起他们的头痛以及生理机制失调。[2] 这是一种由于剥夺了人的精神需求而引发的病症。这说明，人的似本能性规定是人之生存的基本需要，它构成了人的真实存在的本质部分，这决不是什么可有可无的形而上学的争论问题。一句话，它们是人能够通过科学来直接把握的本质特征。

其次，人的这些似本能特性却又不像生物本能那样强烈，它并非一种不可消灭的东西。似本能是脆弱的，可以被改变甚至完全消灭。马斯洛认为，似本能十分"柔弱"，它很容易被恶劣的文化环境摧残、压碎。[3] 比如，在一个充满焦虑、丑恶的社会中，人类的爱心和互相尊重是难以得到满足的，所以按理说，人的"似本能需要一个慈善的文化孕育它们，使它们出现、得到表现和满足"[4]。而在极恶劣的环境下

---

① 参见[美]马斯洛：《人性能达的境界》，193 页。
② 参见[美]马斯洛：《人性能达的境界》，194 页。
③ 参见[美]马斯洛：《动机与人格》，322~323 页。
④ [美]马斯洛：《动机与人格》，98 页。

（如法西斯的集中营），人们的这种似本能甚至完全被消灭；在个体身上像变态人格，对爱和被爱的需要也已经丧失了。这说明，那种将人的命运错误地同遗传等同起来，似乎人性都是天然的、不可抗拒的和不可改变的态度是不可取的，似本能规定正是从科学角度证明了人的内部天性具有极大的开放性和可塑性。

最后，不像我们所理解的生物本能那样，在种系发展的阶梯上往往互相排斥，我们对其中本能的发现和注意越多，对另一个的期待则越少；似本能的需要或冲动是"在一个强度有差异的层级序列里能动地互相连系的"①，它说明了人的本质是整合的，有层次的。关于这一点，我们在下文中还要做详尽的分析。

马斯洛认为，似本能范畴的提出，能够真正把握长期以来扭曲地暗含在两种极端中的人性之真谛，以最终解决"生物性同文化、天生与习得、主观与客观、独特性与普遍性"②的二歧分裂。似本能是人性研究的科学入口，这是我们在实验科学的框架中进行人的"灵魂探索"的基石。它告诉我们，人的许多崇高本质都是"人性自身结构中固有的；它们有生物上的和基因上的基础，但也有文化上的发展"③。这样，对于人性，"我们就是在描述它们，而不是发明它们，设计它们，或渴望它们"。马斯洛认为，确定人的似本能就是要使人学的研究发生一个转变，即**科学的人学**。它的中心任务就是要意识到自己作为一个特殊族类在生物上、气质上和素质上所是的那个人，而在科学的意义上，它又是一种个人自己内在的生物性、动物性和族种性的**现象学**（phenomenology），我们可以称之为主观生物学（subjective biology）、内省生物学、体验到的生物学等。④

对此，马斯洛是认真的，他极力为自己的人学建构铺叠路基，使他的人学体系以实验科学的操作程序为外部支架，"迅速进化为一种有

---

① ［美］马斯洛：《动机与人格》，98 页。

② ［美］马斯洛：《动机与人格》，111 页。

③ ［美］马斯洛：《存在心理学探索》，151 页。

④ 参见［美］马斯洛：《人性能达的境界》，38 页。

结构的形态"。甚至，他还造出了"人性度"（degree of humanness）之类的概念。① 马斯洛认为，"'人性'不仅可以用对'人'这一概念的满足程度来定义，即建立物种常模，而且可以是描述性的、特征排列式的、可测量的心理学定义"②。应该说，马斯洛精心制定的一整套科学人本主义理论的实验"操作定义"的确引人注目。③ 他力图把原来在传统人学中那些抽象的玄学主题统统变成"普通经验形式"的问题，变成可直接检验的描述，即"把克尔凯廓尔的劝告描述为'成为一个人真正是的那种自我'"④。这样，人学似乎也就有了科学的基础。

完成了这个人性科学基石的重大逻辑确证之后，马斯洛长舒一口气，得意十足地吟起了麦克利什的一句诗：

"一个人并不想象成为什么，他本来就如此这般。"

第四节　熔合词："应该"与"是"的缝合

我们知道，西方思想史上传统人学的最重要的逻辑意动格局是人的**理想本质与现实存在**之间无法消除的矛盾。其中，**应该**（Ought）是人本主义的一个关键性的逻辑规定。从人文主义开始，人性应该打倒神性，人应该具有人性；到了启蒙思想家那里，就成了平等、自由应该是人的"天赋权利"；费尔巴哈则认为，人应该是有血有肉的感性实体；青年马克思说，劳动应该是创造性的自主活动；尼采和柏格森则要求人应该有自己的人格意志和真正的创化能力；萨特认为，人生应该有价值，人应该是自由的……可见，"应该"是人本主义一个极为重要的先导范式。但是，多少年来，也因为现实的人类存在状态（"是"，Be）总是与人的理想本质规定（"应该"）相距甚远，人学家们就永远陷在

---

① 参见［美］马斯洛：《人性能达的境界》，38 页。

② ［美］马斯洛：《人类价值新论》，胡万福、谢小庆、王丽等译，27 页，石家庄，河北人民出版社，1988。

③ 参见［美］马斯洛：《人性能达的境界》，137～139 页。

④ ［美］马斯洛：《存在心理学探索》，152 页。

一种充满浪漫主义色彩的价值悬设对现实的"是"的伦理批判之中。这几乎成为传统人学永恒的主题套曲。正是这种人学逻辑上的"**断裂**",成为马斯洛进行新的人学建构的第二个重要突破口。他决意要**缝合**"**应该**"与"**是**"的分裂。

马斯洛说,事实与价值、描述与规范、是与应该的关系这一古老的问题,"几乎总是被看作反义词和相互排斥的"①。这也是历来人本主义哲学家深感棘手的问题。他认为,问题的解决只有靠去"突破两难困境的第三只角",即在应该与是、价值与事实之间架起一条畅通的逻辑桥梁。为此,马斯洛首先要求我们消除两种极端的盲目症。

在马斯洛看来,一般的人容易成为**是直观**(is-perceptiveness)和**应该盲**(ought-blindness),即太现实化,因而看不到人的潜在本性方面的偏向。比如说,亚里士多德在研究奴役问题时就存在着应该盲。当他审查奴隶时,发现现实中的奴隶在性格上的确奴性十足,所以就根据这一描述性事实断定奴性是奴隶(人)的真正的、最内在的、本能的本性;再比如,弗洛伊德根据他那个时代女性心理状态的"是",做出女性软弱心理特征的分析。很显然,亚里士多德和弗洛伊德都没有看到奴隶和女性可能进一步发展的"应该",这都是"应该盲"的表现。马斯洛说:"对未来可能、变化、发展或潜能的盲目必然导致一种现状哲学,把'现在的是'(包括全部现有和可能有的)当作标准。"②这种应该盲是一种脱离了人的价值的"纯"描述,这是一种消极的人生态度。马斯洛风趣地将其称为"一张应邀参加保守党的请帖"。

相反,人学家容易犯的错误是过分抽象强调理想化"应该直观"(ought-perceptiveness)和"是盲"(is-blindness)。在传统人学中,人学家们总是把现实(是)看成是与应该达到的人的本质格格不入的。他们常常是依据某一先在的人的本质定义制造出"应该"的标度尺,然后就因现实的人类生存状态未达到这样的水平而谴责"是"。在人学家的眼中,几乎一切现存都是不合理的,人类自产生以来就从没有达到过他

---

① [美]马斯洛:《存在心理学探索》,76 页。
② [美]马斯洛:《人性能达的境界》,125 页。

们应该成为的那种本体状态。这也恰恰是人学逻辑中最大的困境。

针对这种是与应该的二歧性困境，马斯洛提出了一个颇有见地的观点。他认为，"是"与"应该"之间的"古老的相互排斥的对立，在一定意义上说，是虚假的对立"①！两者是完全可以统一的，关键是要找到从是通向应该、从事实通向价值、从人的现实存在通向本体状态的过渡环节。马斯洛把这种中介环节称之为"熔接词"，以"表示事实与价值的一种熔化和连接"。"熔接"是什么意思呢？马斯洛指出，我们的出发点不是应该盲的"是"，也不是"是盲"的应该，而是事实和价值的现实融合和贯通。这是**第三条道路，即辩证统一的意识**。

> 这是一种能力，能在事实——是中同时发现它的特殊性和它的普遍性；既把它视为此时此刻，同时又把它视为永恒的，或者宁可说是能在特殊中并通过特殊看到普遍，能在暂时和瞬时并通过瞬时看到永恒。②

这是一种同时看到是和应该的方法，在这种新的人学逻辑操作方式中，人"既看到直接的、具体的真实性，又看到可能成为的、能够成为的东西，看到目标价值，它不仅可能实现而且**现时就存在**，就在我们的眼前"③。

首先，人的生存事实的价值指向。人的存在并不是一种静止的状态，人的生存事实往往具有一定的指向，或者说，它是有矢量的。事实并不是躺在那里，像一块烧饼，什么事也不做，它们在一定程度上是路标，能告诉你应该怎么办，向你提建议，引导你向某一方向而不是另一方向前进。它们"呼唤着"人，事实本身就包含着康德所说的先导性。马斯洛将这种情境称之为"事实的向量性质"。他曾用格式塔心理学文献中的例子来说明这个问题。在韦特海默的实验中，他曾经提

---

① ［美］马斯洛：《存在心理学探索》，151 页。
② ［美］马斯洛：《人性能达的境界》，116 页。
③ ［美］马斯洛：《人性能达的境界》，118 页。

出过一个"带缺口的结构"的观点。如一条数学曲线有一个缺口，有一个地方缺少点什么，从曲线的结构看，填补这一缺口是明智的、正确的，我们可以认为，这里现存的曲线结构(是)本身就带有一种逻辑上的需求性(应该)。所以，"通常对是和应该的简单分割必须改正"①。其他一些格式塔心理学文献(哥尔德斯坦、克勒、海德尔等)也都说明，事实是动态的，是有向量的(既有数量，又有方向)。任何事实都不是仅仅像一碗麦片粥似的躺在那里。它们有自行分类、自我完成的欲求，一个未完成的系列总在"要求"一个美好的完成。墙上卷曲的画请求我们把它弄平整，未完成的课题总是不断打扰我们直到完成为止；蹩脚的格式塔会使自己变得较完美。事实本身就是有权威的，它存在着"要求的品格"。正是事实的逻辑需求引导我们，向我们提出各种各样的具体建议，表明下一步**该**做什么、**不该**做什么。这些都说明，我们对现实的观察，不仅要有"是"的洞见，而且要有"向量"(应该)的洞见。马斯洛发现，正是**事实本身的动力向量的特征**在人学家争论不休的"事实和价值之间的二歧鸿沟上架起了桥梁"②。

其次，应该正是由事实创造的。从来就没有什么抽象的应该，任何应该都是事实的程度表现，只有事物"事实的性质的出现和增强才能引导该事物应该性质的出现和增强"。事实程度产生应该程度。因此马斯洛说，

> 事实创造应该！某物被看到或认识得越清楚，某物也变得越真实越不会被误解，它也会获得越多的应该性质。某物变得越"是"，它也变得越"应该"——它获得更高的需求度，它更高声地"要求"特殊的行动。某物被理解得越清楚，也变得越"应该"，它也变成行动的更佳向导。③

---

① ［德］韦特海默：《伦理观中的一些问题》，转引自［美］马斯洛：《人性能达的境界》，120 页。

② ［美］马斯洛：《人性能达的境界》，121 页。

③ ［美］马斯洛：《人性能达的境界》，122 页。

这也就是说，任何事物都会在自己的内部提出它的**来自事实**的需求，这是行动的真正向导。比如，当一个孩子生病时，如果他的父母本身犹豫不定，他们则必然是软弱的，不知所措的(应该干什么?)；但是当他们对病因有了明确的了解时就会坚强起来，即使会使孩子感到痛苦(因为这时他们已知道，只有消除病毒，或者只有动刀才能救孩子的命)，他们也会毫不手软地去做。这就像外科医生剖开了病人的肚子找到发炎的阑尾，他知道最好把它割掉，因为如果让它烂在肚子里就会死人。此时，"'是'命令'应该'"①!

最后，"**应该性**是深刻认识事实性的一个**内在固有**的方面：它自身也是一个有待认识的事实"。没有价值的人生是可怕的，而人的价值正是人生的目的。

> "价值"，就目的的意义说，就你力求达到的终点、极限、天国的意义说，现在恰恰就存在。一个人努力寻求的自我，在一种非常真实的意义上现在恰恰就存在，正如真实的教育，不是一个人在四年路程的终点得到的那张文凭，而是每时每刻的学习、领悟和思考的过程一样。宗教的天国，据设想要在生命完结以后才能进入，因为生命是无意义的，但实际在原理上是我们一生任何时刻都能达到的。②

"我们现在就能进入天国，天国就在我们的周围。"③存在与形成是紧紧系在一起的。旅行能给予目的的快乐，它无须只作为达到目的的手段。正像许多人太晚才发现，退休原来还不如工作的岁月那么甜蜜，这种感觉恰恰由于多年工作才能得到!④

所以，事实的"是"与价值的"应该"，本来就是融合在一起的，二

---

① ［美］马斯洛：《人性能达的境界》，123 页。
② ［美］马斯洛：《人性能达的境界》，113 页。
③ ［美］马斯洛：《人性能达的境界》，113 页。
④ 参见［美］马斯洛：《人性能达的境界》，113 页。

歧化本身只能让人性的结构受到歪曲。新的逻辑要求我们从专断的"应该"中解脱出来，去拥抱并享受现在的"是"。① 就人来说，

> 　　一个人要弄清他应该做什么，最好的办法是先找出他是谁，他是什么样的人，因为达到伦理的和价值的决定、达到聪明选择、达到应该的途径是经过"是"，经过事实、真理、现实的发现的，是经过特定的人的本性的发现的。他越了解他的本性，他的深蕴愿望，他的气质，他的体质，他寻求和渴望什么，以及什么能真正使他满足，他的价值选择也变得越不费力，越自动，越成为一种副现象。②

　　只有这样，我们对人生现存状态的认知越清醒，对人的深层蕴含也就领悟越多。我们对人性的追求就"不会依据某一先已存在的定义或柏拉图的本质作为衡量标准，不会因为人性达不到这样的水平便谴责它"③了。

　　我们看到，马斯洛在这里通过一种对人性的先导规定和生存现实的统一逻辑连接，试图造成人本主义理论中的一个整合的结构。在这种新的结构中，既肯定了作为人的先导范式的"应该"的意义，也确证了人的现实生存（是）正是达到应该的现实超越环节，从而使人性结构中的超越本质规定回落到现实的土地之上，使人本主义成为一种现实的理论。这也成为马斯洛科学人本主义的另一个重要的基点。

第五节　整合：科学人本主义的总体哲学意向

　　我们看到，通过科学与人性的结合——科学的人本主义，通过人学逻辑中应该与是的沟通——现实的人本主义，马斯洛已经站到了一

---

① 参见[美]马斯洛：《人性能达的境界》，115页。
② [美]马斯洛：《人性能达的境界》，111～112页。
③ [美]马斯洛：《人性能达的境界》，115页。

个新的人学视角上。除此之外，马斯洛还倡导一个人学理论的新的总体原则，这就是**整合**（integration）原则。这也就实现了他对传统人本主义的最后超越——总体的人本主义。①

马斯洛十分反感那种他称之为理论中的半吊子——二歧式的倾向，如不是赞成弗洛伊德就是反对弗洛伊德的，不是赞成价值就是反对价值的，所以有时他干脆说："我是弗洛伊德派的，我是行为主义派的，我是人本主义派的，而且实际上我还正在发展一种可以被称为第四种心理学的超越心理学。"②在马斯洛看来，真正科学的理论决不是极端的片面的东西，而应该是**一种整合的科学**。"我们的任务是把各种各样的真理整合为一个**完整真理**。"③可是通观整个人类历史，特别是西方的文明史，都总是摆脱不了那种荒唐的二歧分裂，即"非此即彼"的模式。在这种分裂和二歧式的框架中，"我们创造了一个病态的'此'和一个病态的'彼'"④，如人学中病态的理性（传统人学）和病态的冲动（新人本主义），在心理学中病态的意识和病态的无意志，认识论中病态的经验和病态的理念，以及病态的科学和病态的人性，病态的应该和病态的是，等等。马斯洛曾经谈到一位西方收入极高的古代史专家，他的资本就是熟记全部剑桥古代史，从第一页到最后一页，他能记住书中的每一个名字和时期。马斯洛说，这正是一种病态的理性，一个非人的人。相反，那种抽象人本主义的玄学理论也是不足取的，离开科学的基础去谈人同样是没有意义的，因此马斯洛说，"'纯'科学的价值比'人本主义'科学的价值并不更多"，因为它们都各持一端，其真理性都是片面的和扭曲的。

马斯洛要求我们**超越**这种不合理的二歧式，把人的生存中的两极"一起纳入它们本来就在其中的统一体"⑤，真正去从整合的意义上看

---

① 参见［美］马斯洛：《科学心理学》，5页。

② ［美］马斯洛：《人性能达的境界》，9页。

③ ［美］马斯洛：《存在心理学探索》，11页（序言）。

④ ［美］马斯洛：《人性能达的境界》，96页。

⑤ ［美］马斯洛：《人性能达的境界》，96页。

待人，确定人性和人的本质，这样，人就不再是那种仅仅纯粹合理，仅仅合乎科学、逻辑，仅仅明智、富有、承担责任，不再是那种仅仅有个人的冲动，仅仅满怀不切实际的幻想的人，也不再是仅仅善或仅仅恶，仅仅低级或仅仅高级，仅仅自私或仅仅无私，仅仅是天使或仅仅是野兽……真正的人应该是一个"整合的人，充分发展的人，充分成熟的人"①。所以，在这个意义上，"每一个人既是诗人，又是工程师，既是理性的，又是非理性的，既是孩子，又是成人，既是男性的，又是女性的，既处在心理世界中，又处在自然世界中"②。总之，人应该是总体的，人性是丰满的，整合的。正是人的完整性使世界也变得完整；反之，世界的完整又使人更加完整。于是，有了一个总体的人和一个整合的世界。

在马斯洛看来，科学真理应该是整合的。而这种整合的本质就是对传统观念中那种抽象对立和一切不必要界限的**超越**（transcendence）。**自我超越是科学的目的**，也是整合真理的真实基础。对此，马斯洛曾专门做过一个说明，他认为超越起码是为了消除不必要的"二歧化"，它不是"意味着某一'高者'渺视并排斥低者"，而是一种超越二歧化的层次整合。③ 所以马斯洛说："超越指的是人类意识最高而又最广泛或整体的水平，超越是作为目的而不是作为手段发挥作用并和一个人自己、和有重要关系的他人、和一般人、和大自然，以及和宇宙发生关系。"④这就是科学整合的真实意义和实质。在下面的分析中我们将看到，这种以超越为基点的整合原则在马斯洛的整个科学人本主义中将会起到何等重要的作用。

首先需要指出，马斯洛自己多次声称他的心理学是"作为客观主义、行为主义（机械形态）的心理学和传统的弗洛伊德主义心理学的一

①　［美］马斯洛：《人性能达的境界》，95 页。
②　［美］马斯洛：《人性能达的境界》，95 页。
③　参见［美］马斯洛：《存在心理学探索》，164 页注①。
④　［美］马斯洛：《人性能达的境界》，271 页。

个可行的第三种选择"①。因为它是在一般心理分析和实验心理学科学
实证主义的基础之上，把动力的与整体的、形成的与存在的、善的与
恶的、积极的与消极的心理研究第一次整合起来，这种科学的心理学
结构正是心理分析和实证心理学两个体系所缺少的，是对这两种道路
的一个超越。这似乎也成为后来学术界评论马斯洛思想革命意义的基
本点了。其实我倒认为，马斯洛人本主义心理学的意义并不仅仅是这
种外在的"第三思潮"（Third Force）的心理学融合，而在于这种理论第
一次摈弃了那种在深层制约着传统心理学关于人的"分解-原子论-牛顿
式方法"，第一次在心理学，甚至是在整个现代实验科学中提出了作为
整体人性出现的人的问题。② 这是心理学中的人的革命，也是 20 世纪
自然科学总体理论的框架革命中科学主体性的一个直接确证。③ 只是
在这个意义上，我们说马斯洛开辟了现代心理学发展的一个新的方向。

我们发现，马斯洛的人本主义观念在现代哲学人本主义的逻辑中
也向前迈进了。在整合的原则下，他试图在更高的层次上超越现代人
本主义：他重视人高于自然的特质，但又使人在世界主宰的地位上给
自然以人的光辉；他以个人的生存体验为经验基础，但又让"真正的自
我实现的人"代表着人类的类本质的现实行进方向；马斯洛几乎是一个
实验心理学家，可是他竟然又让神秘的主体经验把理性扬弃为自身的
内在前提，马斯洛表证了当代哲学人本主义逻辑中的**整体主义倾向**。④

在整合的原则下，马斯洛人本主义的核心是在总体上将人（价值）
与科学融合起来。我们看到，这并不是一种外在的掺合，马斯洛力图
建构成一个理论上的**双向运动**，即**科学的主体化和哲学人本主义的经
验实证化**。科学是人的科学，它自身就含有人的激情和利益，"科学是
建立在人类价值观基础上的，并且它本身也是一种价值系统"⑤。同

----

① ［美］马斯洛：《存在心理学探索》，5 页（前言）。

② 参见［美］马斯洛：《动机与人格》，1 页（前言）。

③ 参见张一兵：《现代自然科学总体理论框架的新特征》，载《国内哲学动
态》，1985(10)。

④ 参见［美］马斯洛：《动机与人格》，3 页（前言）。

⑤ ［美］马斯洛：《动机与人格》，7 页。

时，人本主义也能够被科学证实，人的本质存在可以在科学的意义上被确证，人本主义的理论结构也能够完全按照实证科学的方式筑建起来。这也是马斯洛人学理论中的核心原则。

在整合的原则下，马斯洛几乎解开了人本主义的逻辑死结，弥合了**应该**与**是**的历史二歧鸿沟。他主张在事实和价值之间架起桥梁。应该性由事实性创造，应该是事实性认识的一个内在固有的方面，"某物变得越'是'，它也变得更'应该'"，这就可以避免传统人本主义的"是盲"。在马斯洛的眼里，真正科学的人本主义决不是抽象的，它既"超越那种脱离价值的机械形态的科学"，也摈弃离开现实的人的梦幻，人必须有永远向前行进的"应该"作为总体的类的先导，但这种把自己抛向未来的生的冲动却是一步一个脚印的"是"的现实努力获得的。所以，"我们**能够**＝我们从**应该**到是"(*we can* be＝ what we ought to be)①，这也是真正合理的人性结构。这样，也就形成了马斯洛科学人本主义哲学**独特的倒过来的逻辑构架**。国内有的论者认为，马斯洛人本主义的基点仍然是传统人道主义的抽象的一般的"人"，这是缺乏具体分析的。马斯洛科学人本主义的逻辑出发点是很特殊的。② 马斯洛人本主义心理学中的人始终是现实存在的可以落到人体的少数的"健康人"或人的"优良样品"，即发挥出人的潜能的少数精英人物。马斯洛正是从这些"终归是存在的"③**个体**出发的，他并没有像传统人道主义那样从类本质到个性而是**倒过来地**推论：既然已经有人在生活中现实地达到某种最佳生存状态，这就证明**人能够现实地达到这一点**；有人可以实现这种人性境界，那么其他人也**应该**和可能达到；如果说现在大多数人并未达到这种完满状态，这就表明大多数人"还处于半醒状态"，这就需要唤醒他们，要求他们朝真正的人走去。至此，马斯洛才又转上

---

① ［美］马斯洛：《动机与人格》，323 页。中译文有改动。参见 Abraham H. Maslow, *Motivation and Personality*，p. 272。——笔者修订版

② 参见潘菽：《论个人实现与社会实现的心理学问题》，载《中国社会科学》1988(6)，63 页。

③ ［美］马斯洛：《动机与人格》，18 页(前言)。

一般人本主义的逻辑轨道。

马斯洛的人本主义试图同化科学，在较高的逻辑层次上把人性与科学、价值与认知、"应该"和"是"统一起来，他试图缝合现代人类思维总体的裂口，去实现人们一直没有能够实现的理想。他兴奋地写道："数千年来，人本主义者总是企图建立一个自然主义的、心理的价值体系"，但他们统统失败了，而在最近获得的知识照耀下，"只要我们充分艰苦地工作，这个古老的愿望，即建立从人的本性中派生出的价值体系，就可以实现了"。① 我们能不能这样判定，如果说马斯洛的人本主义有其成功的一面，就在于它使人本学第一次立足科学，第一次成为一种**可以实践的东西**，一种居然能在心理治疗、教育、现代管理甚至整个行为科学中得到运用的人本主义哲学。马斯洛的思想落点始终是人本主义心理学，马斯洛首先是一位科学家，然后才在科学成就中泛化派生出一个世界观，这也是现代科学思想发展中的一般逻辑。有的论著仅仅将马斯洛的人本主义心理学视为一种超出了哲学分析阶段的人性"自然因素"研究方面的深入，其实马斯洛的科学验证与哲学世界观的建构恰恰是互补的。马斯洛的人本主义心理学是科学，也是哲学。②

我认为，马斯洛的人本主义代表了当代哲学人本主义的一种最新趋向，即将科学主义与人本主义融合起来的科学的、现实的、总体的人本主义。在这一点上，马斯洛取得的成功可能性远远超过了具有同样意向的现代哲学释义学和哲学人类学。也只是在这个意义上，才可以说马斯洛开辟了现代心理学发展的一个新的方向，才可以理解马斯洛的这样一句话，即人本主义心理学已"逐步变成一种总括的哲学，它属于心理学，属于一般科学，属于宗教、工作、管理，现在也属于生物学。事实上，它已变成了一种世界观"，一种从科学发展中产生出来的新人学世界观。马斯洛信心满满地宣告，这将是一场"静悄悄的革命"③！

---

① ［美］马斯洛：《存在心理学探索》，133 页。

② 参见潘菽：《论个人实现与社会实现的心理学问题》，载《中国社会科学》，1988(6)。

③ ［美］马斯洛：《动机与人格》，2 页(序言)。

第二章　人的需要系统与存在本体论

> 人是很前面的那个他。人是开放的，正在朝着变成他潜在地
> 所是的东西走去。

——布洛赫

马斯洛的科学人本主义就是要使传统的人本主义从天上回落到地上来，使人学成为现实的、整合的科学。在这一点上，马斯洛从本体论就开始了精心的理论建构。如前所示，他的逻辑结构是，"我们之中的每一个人都具有一种实质上是生物基础的内部本性"，但只是我们之中的极少数"优等人"（自我实现的人）在现实中**已达到了**人性的最完美的境界。**由此可以确证**，每一个人都可能达到人性的最高点，或者在现实中触及这个生存本质的某一侧面。不过，相对于我们绝大多数个体来说，这种人的生存本质的最高点还只是一个**尚未存在的本体存在**。必须注意，与传统的人本主义不同，马斯洛不再主张人的本质是一种**先天应有而在现实生存中丧失了的东西**，人的现实生存不是本质的异化，而是**尚未达到本体存在的不足状态**。人一旦创生出来，就始终在朝现实中的那个真实本质走去。马斯洛的这种人学本体论构架是十分独特的。

第一节　"S 尚不是 P"的人学先导式

马斯洛曾经多次自称他的人学受到了存在主义的影响，所以他的心理学也是"存在心理学"和"本体心理学"。在那本著名的《存在心理学

探索》的第二章，他专门探讨了"心理学能从存在主义者那里学到些什么"这样一个问题。马斯洛认为，"存在主义者可以给心理学提供目前正缺乏的哲学基础"，因为一度作为现代科学理论基础的逻辑实证主义已经彻底失败了，存在主义（还有胡塞尔的现象学）"正在帮助我们认清言语推理、分析推理和要领推理的局限性"，从而摆脱那种"物的科学"，回到**科学的人的科学**上来。当然，马斯洛并不是简单地赞同存在主义的人本学观点，而是要从存在主义哲学的逻辑线索出发去探索一条新的人学演进思路。

马斯洛说，存在主义哲学逻辑上的核心是"论述人的抱负和人的局限之间的差距（在人**是**什么和他**希望**是什么以及他**能够**是什么之间的差距）所形成的人的困境"①。这也就是说，"一个人包含着现实性和潜在性两个方面"。在这一点上，马斯洛显然是错了，因为历来的人本主义哲学本体论支点都落在人的潜在本质和事实存在的分裂之上，不过传统的人本主义只是把本质视为理性上"应该是"的东西，而不是今天新人本主义加强为现实中人类个体已可能实现的东西。马斯洛认为，不同于传统哲学对人性的片面看法，存在主义哲学提出了"人的双重性的整合方法问题，即人的低级本性和高级本性、人的生物本性和神圣的精神本性的整合"。

> 总的看来，东方和西方的大多数哲学和宗教都把人的本性分成两部分，并教导说达到"高级本性"的方法是放弃和制服"低级本性"。然而，存在主义却告诫说是**二者**同时规定着人的本性特征。任何一方都不能抛弃，它们二者只能整合起来。②

显然，马斯洛认为这种对人性的完整把握是正确的，出发点是可取的，但存在主义在解决这一问题的具体过程中滑进了一个巨大的逻辑误区：他们太过分强调人的自我创造力了，似乎人的现实存在和潜

---

① ［美］马斯洛：《存在心理学探索》，9页。
② ［美］马斯洛：《存在心理学探索》，10页。

在可能性之间的鸿沟，可以通过人的主体创化力直接填平，这就使原来正确的逻辑建构意向变成了一种"十足的愚蠢"。马斯洛指出，

> 一些存在主义哲学家强调自我的自我构成(Self-making)太绝对化了。萨特尔和另一些人说："自我如同一项设计"，自我完全是由个体自己继续不断地(而且是独断地)选择创造出来的，仿佛他几乎能把自己制造成为他决定成为的任何东西。①

这是一种极端形式中的主观主义夸大。这种夸大的结果不仅消融了存在主义在人性理解上的合理性，也使理想中的人性整合成为泡影。马斯洛决意要踏过萨特的人性构架向前走。

马斯洛看到，存在主义从逻辑上要求对"理想的真正的人、对完善的或神圣的人的关心"，这的确是人性理解的真实出发点。但是，萨特等人把人的存在本体论直接落在虚幻的主体自我的自由选择上，他们没有意识到，人虽然有生存的欲求和冲动，但这种冲动仍然是在现实存在的格局中，这使得作为逻辑先导范式的自由选择并没有真正与人的实现了的"此在"联结起来，这就是说，存在主义的人学本体逻辑在形式上似乎是整合的，但实际的运转中仍隐匿着二歧分裂，人的现实存在与潜在发展可能还是没有统一起来。存在主义的人性结构至多是**用合理的想象联系**取代了现实的联系罢了。

马斯洛正是从这里入手去建构自己的本体论逻辑的。当然，这种人学逻辑结构不再是存在主义的思路，而是一种新的理论逻辑建树，即必须像**"现在**已在一定程度上存在的那样，把人的潜能作为当前可认知的现实来进行研究"②。马斯洛的科学人本主义本体逻辑的起点是从**把人的潜在可能性直接作为现实存在来对待**开始的，这是对人性结构的一种辩证的理解：**人的本性现实可能性**，或者换个问句说，**人性的理想结构是如何可能的**？

---

① ［美］马斯洛：《存在心理学探索》，11页。

② ［美］马斯洛：《存在心理学探索》，10页。

　　在这里，如果透彻一些地从哲学本体化的深层去探究，我们不得不说马斯洛的本体论思想中时常晃动着另一个人的影子，这就是现代德国人本主义哲学家布洛赫①。布洛赫是一位见解独特的新人本主义哲学家，他声称自己信仰马克思主义。布洛赫的哲学提出了一种所谓"希望的本体论"。他认为，现实的人还不是本质上应是的状态，世界也未达到它自身可能达到的内在倾向。未来靠理想去呼唤，这样，哲学的逻辑就不应是传统的"S 是 P"或现实的判定，而要采用"S 尚不是 P"去推断和引发。所以，在布洛赫看来，人类社会生趣中最重要的东西就是一种"向前的意向"。这包含两层意思。其一，是指某种"超越了人而又在人之内的东西"。这是说，对一个现实创造着生活的人来讲，未来决不是在人之外的某种东西，而是逻辑地溶合在人的创造中，这样，"未来的边缘"就不是一个必须超越于人和在人之外才能看得见的现有，而是一个内在于人的不断向前流动的地平线。在此，过去、现在和未来不断融合着。这种思想后来被萨特发展为所谓回溯的时间。其二，是指"超验的理想"。这是指人所想往的，而在现实中没有得到或者说不完备的追求，它是一种引导，使人为实现自己类的总体性而努力。这是一种非实体化的超验理想，它溶解了幻想和现实之间的沟壑，从而把人自己抛向未来。所以，人的最真实的本质正是希望，只有满怀希望的人才能走向"真我"。希望是"尚未存在的本体"。

　　布洛赫的哲学人本主义，被某些西方学者称为"带负号的存在主义"。因为他的思想与存在主义一样，都强调人将自己抛向未来的创生趋向。在布洛赫看来，人的本质核心不是静止的一般理性，而只是一种朝着变成他潜在地应是的东西的开放性，因而人的本质就是希望，就是超越生存的冲动。这样，人的本质就不是一种现实存在，而是一种乐观的对非现实的期待。而存在主义则从另一方面与布洛赫一致起来，萨特说：人首先是一种把自己推向未来的存在物，并且意识到自

---

　　① 布洛赫(Ernst Bloch，1885—1977)：德国当代著名人本主义哲学家，西方马克思主义学者。其主要著作有：《乌托邦的精神》(1914)、《希望的原理》(三卷，1954—1959)、《哲学基本问题：尚未存在的本体论》(1961)等。

己把自己想象成未来的存在，人在开端就是一种有自觉性的设计图，而"不是一片青苔，一块垃圾或一朵菜花"。布洛赫是把人从现实中引导向美好的未来，而存在主义则在现实的悲苦中把人推向未来；布洛赫的本体是永远在人前面的那个"真我"，存在主义的本体则是包容在个体自身中的那个"此在"。但是，存在主义的本体逻辑在人的自我设计中走进了面对死亡的悲观的绝境，而布洛赫走向希望的本体逻辑似乎更加现实乐观一些，这也是他被称为"带负号的存在主义"的原因。我们说，马斯洛的本体逻辑自觉或不自觉地离布洛赫更近一点。

马斯洛提出，人性结构的完整理解，只能立足于人在自身生存中所包含的最大潜在可能性的**实际**上。这是人的"天赋权利"的对象化。马斯洛借用了传统人道主义的天赋权利一词，但这里的天赋权利一词已不仅仅是理性，而是指更加丰富的人性规定了："人既然是人类的一员，那么单是根据这一事实本身，也足以得到做一个完整人的权利，即实现人类可能有的全部潜能。**做人**，在生而为人的意义上做人，同时也必须在**成长为**人的意义上进行界定。"①

> 人，作为他潜在的存在，或可以被设想为完美的、理想的、模式的、真诚的、丰满人性的、范例的、超凡的、值得模仿的，或在这些方面具有潜势或向量（即在最佳境遇下他**会**成为、能成为的样子，或作为潜势存在的人；人性发展的理想限度，他在逐步趋近，但绝不会一劳永逸地达到）。②

在这一点上，马斯洛十分欣赏美国心理学家 W. 詹姆斯的一段话：与我们应该成为的人相比，我们只"苏醒了一半"。我们的热情受到打击，我们的蓝图还没能展开。

其实，马斯洛关于人性之潜能的说明还会让人立刻想起与他同时

---

① ［美］马斯洛：《动机与人格》，12 页。
② ［美］马斯洛：《人性能达的境界》，129 页。

代的另一位美国著名人本主义心理学家、哲学家弗罗姆。在弗罗姆那里，人的完整人格和成熟的性格结构是所谓"生产性性格"，这也是人之善的源泉和基础。"人格的'生产性取向'是一种基本态度，是人类在一切领域中的体验之**关系的模式**。它包括人对他人、对自己、对事物的精神、情感及感觉反应。生产性是人运用他之力量的能力，是实现内在于他之潜力的能力。"①弗罗姆认为，人生活的目的就是根据人的本性法则展现他的力量。人活着的责任就是**成为人自己**的责任，就是要发展和实现自己的潜能，使自己成为独立的真正意义上的人。

这个意思用马斯洛的语言来表示，就是说，"必须做的事情是要查明，作为人类的成员和作为独立的个体，一个人**真正**的内情、底蕴是什么"②。也就是说，"**人按着他自己的本性**，表明有指向越来越完善的存在、越来越多地完全实现其人性的压力"③。就像"一颗橡树籽可以说'迫切要求'成长为一棵橡树"一样，人的创造性、自发性、真诚、爱、趋向真理等全部都是胚胎形式的潜能，属于人类全体成员，"正如人的胳臂、腿、脑、眼睛一样"④。任何人都生活在一定的文化环境中，虽然文化并不创造一个人，文化环境的作用最终不过是容许或帮助人"**使他自己**的潜能现实化"罢了。文化生产阳光、食物和水，但它不是**种子**(人的潜能)！然而，文化环境的作用也是不可忽视的，因为它能够使得人性的内部结构(人的潜能的现实化过程)变成柔性而不是刚性的，它可以像"有的果树那样被弄成葡萄状"⑤。不过，它总是要生长出来的。

这就是马斯洛"S 尚不是 P"的人性规范的先导式。按照这个线索走下去，就会得出虽然现在人的现实生存中"S 尚不是 P"，但 S 终究会成为 P 的。人的生存，就是实现他自己潜在的应是的样子。可是，

①　[美]弗罗姆：《为自己的人》，孙依依译，91 页，北京，生活·读书·新知三联书店，1988。

②　[美]马斯洛：《存在心理学探索》，3 页。

③　[美]马斯洛：《存在心理学探索》，144 页。

④　[美]马斯洛：《存在心理学探索》，144 页。

⑤　[美]马斯洛：《存在心理学探索》，160 页。

这种"S 尚不是 P"的超越性逻辑导引并没有证明人性结构本体规定的现实性,要做到这一点,马斯洛还必须找到既能保持人性结构的超越弹性,又能使之成为现实的人的生存定在的接合点。这实在太不容易了,简直是像要找出"油炸冰棒"之类不可能存在的东西。可是,我得告诉大家,马斯洛的确找到了这样一个基点,并且还以此建立了一套新的人学本体论。

第二节 人的需要系统与生存的最高价值

马斯洛的本体论也是存在本体论。但他的"存在"不是存在主义那种虚无缥缈的东西,而是以一整套现实需要层次构成的人格系统。马斯洛从动机论着手,并在这一点上把存在主义的内趋力彻底地突现出来了。我们知道,人本主义逻辑中一个比较重要的问题是人的生存动机问题,传统人本主义强调人的自然和族类的共同趋向性,而新人本主义则又较多地突出人类个体生存的欲求。布洛赫把期望视为动机,而萨特则将生存的创化力视为动机,马斯洛似乎离开了这种立足抽象本质的倾向,照他自己的话说,从一开始就必须把现实和潜在的可能性整合起来,他的动机论是**由低级过渡到高级**的现实的动态需要系统。

马斯洛倒十分坦率,他公开声称自己不满于马克思主义的历史决定论:"我所理解的马克思主义哲学直截了当地表明了这么一个观点:精神是现实的一面镜子。"①按照这种逻辑,似乎人只能去适应平庸的社会,环境是决定人的。在这种框架中,人变成了消极的被决定物,人是可悲的物化的人。不难看出,马斯洛对马克思主义的理解是一种误解,至多是对马克思主义传统哲学解释框架的界定。其实,马克思主义哲学恰恰是强调"从主体出发"去透视世界的,因而是能动的革命

---

① [美]弗兰克·戈布尔:《第三思潮——马斯洛心理学》,吕明、陈红雯译,116 页,上海,上海译文出版社,1987。

的实践唯物主义。① 而马斯洛主张，只有人自身的内在需要才是人的生存行为的真正动机。

马斯洛将作为人类生存动机的需要划分为两类：一类是由**缺失性**引起的**生存**的基本需要（basic needs），另外一类是由**成长性**引起的**发展**的高级需要。马斯洛关于生存需要的理论表述不是一次完成的。在1954 年的《动机与人格》一书中，他笼统列举了人类生存基本需要的七种形式，此时，马斯洛的科学人本主义哲学框架的内在逻辑尚未完全建构起来。只是在《存在心理学探索》一书中，他才通过从总体上区分**两类**生存需要，完成其存在本体论的逻辑确证。在本书中，我们是以后一种立场为主导线索来阐述马斯洛的需要理论的。正是在这种人的生存现实需要系统的界说中，马斯洛建立起了他的科学人本主义存在本体论。

马斯洛所说的人类生存中**由缺失性导致的基本需要**，也是现实的生活条件。这些需要是与人体对于氨基酸、钙的需要一样的，它们的缺失立刻会引发人的疾病。马斯洛曾经给基本需要与人的关系划定过这样一个标准系列：

1. 它的缺乏孕蓄疾病；
2. 它的出现防止疾病；
3. ……
4. ……被剥夺的人较之其他满足，更乐于得到它的满足；
5. 它处于低潮时在健康人身上是不活跃的，或在功能上不出现。②

这是基本需要的客观标准，在主观方面，还有两种有意或无意的主体向往和欲求：一方面是这些需要尚未满足的缺失感、匮乏感；另

---

① 参见张一兵：《马克思主义哲学的历史还原和新的理论建构》，载《江海学刊》，1989(3)。

② ［美］马斯洛：《存在心理学探索》，18 页。

一方面是满足后的惬意感（"感觉良好"）。

这就是说，生存的基本需要是人的生存机体由"赤字"所造成的需要，马斯洛将其称为"匮乏需要"或"缺失性需要"。打个比方说，这些需要的缺失就像是为了健康的缘故必须填充起来的空洞，而且必定是由他人从外部填充的，而不是由主体自己主动填充起来的空洞。马斯洛举过一个婴儿与母亲的例子："婴儿需要爱，于是你亲吻他，抱紧他，让他依偎着你，再亲吻他，直到他满足为止。"①很显然，这种需要的似本能性更加明显和强烈。马斯洛将这种生存状态归于**缺失性领域**。其实这也是一般正常人生活于其中的现实生活状态。

生存的基本需要并不是杂乱无序的，而是被划分为严格的层次，"这些需要是以一种层次的和发展的方式，以一种强度和先后的次序，彼此关联起来的"②。首先，"生理的需要是最优先的"。人们对衣食住行、男女、睡眠和氧气的需要，在所有生存需要中占"绝对优势"。具体说，如果一个人所有的需要都不能满足，他就会被**生理需要**（physiological needs）支配，而其他需要简直变得"不存在了"，或者说退居幕后。比如，对一个饥饿的人来讲，整个人的机体特征就是饥饿，他的肉体和意识全部被饥饿控制，他的全部能力都投入找寻食物的目的之中去了。他的梦里是食物，记忆里是食物，思想活动中心是食物，他的感情对象也是食物。在这种情况下，写诗的愿望，获得一辆汽车的愿望，对历史的愿望，对一双新鞋的愿望，则统统被忘掉，或者只占有第二位的重要性了。这种现象最典型的例子，就是安徒生童话中所描述的卖火柴的小女孩了。

其次，一旦生理需要得到了充分的满足，就会出现较高一级的基本需要。马斯洛说，要是面包很多，而一个人的肚子却已经饱了，那会发生什么呢？这时，其他高层次的需要就要出现了，而且现在主宰人的机体的是它们，而不再是生理上的饥饿。生理需要在尚未得到满

---

① ［美］马斯洛：《洞察未来：马斯洛未发表的文章》，85 页。——笔者修订版

② ［美］马斯洛：《存在心理学探索》，137 页。

足时会主宰机体，同时迫使所有能力为其服务，并组织它们，以使服务达到最高效率。相对地满足生理需要后，下一个层次的需要就得以出现，而后者继而主宰、组织机体。而当这些新的需要也得到满足后，更高一层的需要又会出现。依此类推，这就形成了马斯洛所说的人类生存的基本需要组织成的一个有相对优势关系的等级体系。①

　　人是一种不断需求的动物，除短暂的时间外，极少达到完全满足的状态。一个欲望满足后，另一个迅速出现并取代它的位置；当这个被满足了，又会有一个站到突出位置上来。人几乎总是在**希望着什么**，这是贯穿他整个一生的特点。②

马斯洛说：“一个人的收入增加后，他发现自己的希望活跃起来，并且积极地为获得几年前连做梦都不敢想的东西奋斗。”③必须注意，在马斯洛看来，人正因为某种不满足，才促动他去索取（“S 尚不是 P”），因此，**需要就是动机**，人实际上始终受着需要动机的支配，自然，需要如果被满足，也就不再是一种动机。有机体仅仅受到尚未满足的需要的支配，产生行为，如果这种需要已满足，那它在个人当前的动力中就成为不重要的了。在生理需要之上依次产生的基本需要主要有**安全的需要**（security needs），**爱和归属的需要**（love and belonging needs），**尊重和自尊的需要**（respect and esteem needs），以及**自我实现的需要**（self-actualization needs）等。这些基本需要由于特定的条件也可能在个体中出现颠倒的现象。马斯洛谈到过，实际上需要动机的形成本身也是相当复杂的，不同的文化和多种不同的外部制约关系会造成行为的多种决定因素，但无论如何，需要动机是人的生存中最根本的内在驱动力。应该特别指出，马斯洛的**这一缺失性需要**的观点被简化为所谓“马斯洛生存需要五层次论”，如图一：

---

① 参见[美]马斯洛：《动机与人格》，43 页。

② [美]马斯洛：《动机与人格》，29 页。引文内黑体为笔者所加。

③ [美]马斯洛：《动机与人格》，36 页。

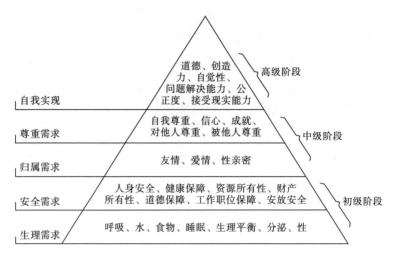

图一 马斯洛需求层次理论

在不同的学科中，几乎关于马斯洛需要层次论的介绍基本都停留在这一并不准确的缩减版中。①

人类生存的第二类需要则是与缺失性基本需要非常不同的"后需要"。这种需要不是人们由匮乏引起的、为了维持基本生存的需要动机，而是与人如何生存得**更好、自我的生长和发展**有关的超越一般需要的动机(超越性动机，metamotivations)。马斯洛将这种需要称为**发展性需要**。一般地说，发展性的需要与缺失性的基本需要可以有这样一些区别：

第一，缺失性需要的丧失直接导致人的**机体的病症**，而在一定意义上说，发展性需要的剥夺也会酿成人体缺乏维生素时所呈现的类似病状，但这是一种**精神的不健全**，或"人性的萎缩"。具体地说，就是"指生活缺乏价值观念，缺乏意义感和充实感"。马斯洛将这种状态称为超越性病状，即灵魂病。② 他甚至列举了这种特殊病症的一般临床特征(见表一)。

---

① 笔者修订版所加。
② 参见[美]马斯洛：《人性能达的境界》，51页。

表一　一般超越性病态①

异化。

颓废。

无欢乐。

生活热情的丧失。

无意义。

失去享受的能力；无所谓。

厌倦；无聊。

生活本身的无价值，生活不再是自身的确证。

存在的真空。

理智因的神经症。

哲学性危机。

无感情，退隐，命定论。

无价值。

生活失去神圣的光彩。

精神上的不适和危机。"干巴"，"枯燥"，呆滞。

价值生活的抑郁症。

想死；生活放任。生死无所谓。

觉得自己无用，不为人所需。无效状态。

无望，麻木，失败，停止竞争，屈服。

完全被动。无助感。丧失自由意志。

极端怀疑。有什么是值得注意的呢？

绝望，极度苦闷。

郁郁不乐。

徒劳。

犬儒主义；对一切高级价值不相信，丧失信念，或以还原论解释一切。

牢骚满腹。

---

① ［美］马斯洛：《人性能达的境界》，312 页。

其实，我们不难从马斯洛这张表看出，他的所谓人的发展和成长的高级需要，也就是人的生活意义。马斯洛将这种人生的意义确定为在自我实现名下的人的终极价值，或不可还原的**存在价值**（Being-value，简称 B 价值）。马斯洛把这种存在价值概括为十四种：

1. **真**（*truth*）：诚实；真实；（坦率；单纯；丰富；本质；应该；美；纯；洁净和未掺假的完全）。

2. **善**：（正直；合乎需要；应该；公正；仁慈；诚实）；（我们喜爱它，被它吸引，赞成它）。

3. **美**：（正直；形态匀称；活泼；单纯；丰富；完整，完善；完全；独一无二；诚实）。

4. **完整**（*wholeness*）：（统一；整合；倾向单一；相互联结；单纯；组织；结构；秩序，不分离；协同；同法则和相结合的倾向）。

4a. **二歧超越**（*dichotomy-transcendence*）：（接受，坚决，二歧、两极、对立面、矛盾的整合或超越）；协同（对立转化为统一，敌对者转化为相互合作或相互鼓励的伙伴）。

5. **活泼**：（过程；不死气沉沉；自发；自我调整；充分运转；改变着又保持原样；表现自身）。

6. **独特**：（特有的风格；个人的特征；不能类比；新颖；可感受到的特性；就是那样；不像任何别的东西）。

7. **完善**：（没有什么是多余的；也不缺少任何东西；一切都在合适的位子上，无须改善；恰当；正是如此；适宜；正当，完全；无可超越；应该）。

7a. **必需**：（不可免；必须正像那样；任何一丁点儿也不要改变；那样就很好）。

8. **完成**：（完结；终局；合法；事情已经完成；格式塔不再改变；目的实现；终点和末端；没有缺失；全体；命运的实现；终止；顶点；圆满封闭；新生前的死；成长和发展的终止和完成）。

9. **公道**：（公平；应该；适宜；成体系的性质；必需；不可免；无偏私；不偏袒）。

9a. **正义**（*justice*）：（合法则；正确；没有多余的东西；完善安排）。

10. **单纯**：（忠实；坦率；本质；抽象，无误；基本骨架结构；问题的中心；不转弯抹角；仅仅必需的东西无修饰，没有多余的东西）。

11. **丰富**：（分化；复杂；错综；全体；无缺失或隐藏；都在眼前；"无所谓重要或不重要"，即一切都同等重要；没有什么是不重要的；一切顺其自然，无须改善、简化、抽象、重新安排）。

12. **不费力**：（自如；不紧张，不力争，或无困难；优雅；完美的运转）。

13. **欢娱**：（玩笑；欢乐；有趣；高兴；幽默；生气勃勃；不费力）。

14. **自足**：（*self-sufficiency*）（自主，独立；除自身以外不需要任何别的东西；自我决定；超越环境；分立；依据自己的法则生活，同一性）。①

马斯洛认为，这些价值**并不是**相互排斥的。它们不是彼此分离的或截然不同的，而是混在一起或相互重复。它们是人的本真存在的各个**侧面**，而不是它的各个**部分**。存在价值以及它们彼此之间是**没有高低之分的**，一种价值和另一种价值同样重要，其中每一种都能依据其他各种予以说明。例如，真必须是完善的、美的、内容丰富的，而美则应该是善的、真的和内容丰富的，等等。②马斯洛形象地说，存在价值不是一堆互相分离的枝条，而是一块宝石的不同侧面。

为了说明存在价值对人的生存之重要意义，马斯洛把存在价值与

———————————

① 参见［美］马斯洛：《人性能达的境界》，136～137 页。中译文有改动。参见 Abraham H. Maslow, *The Farther Reaches of Human Nature*, pp. 128-129。

② 参见［美］马斯洛：《人性能达的境界》，195 页。

这些价值被剥夺后的结果又列了一张对照表:

表二　存在价值和超越性病态对照①

存在价值	能致病的剥夺	对应的超越性病态
1. 真	不诚实	无信念;不信任;犬儒;怀疑主义;猜忌。
2. 善	恶	极端自私。仇恨;排斥;厌恶。只依靠自己,只为虚无主义。犬儒主义。
3. 美	丑	俗气。特定的不愉快,丧失情趣,紧张,疲倦。市侩气。苍白。
4. 统一;整体	混乱。原子论。丧失内部的联系状态	解体;世界正在"崩溃"。专断。
4a. 超越分歧	非白即黑。丧失梯度或程度感。强制的极化。强制的抉择。	非此即彼的思维。看什么都是一场决斗或战争或冲突。低协作。简单化的生活观。
5. 活跃;发展	死气沉沉。生活机械化。	死气沉沉。机器人化。完全被动感。运动的丧失。厌倦;丧失生活热情。经验空虚。
6. 独特性	千篇一律,可以互换。	丧失自我感、个性感。觉得自己可以和他人互换,无个性特征,觉得没有人需要他。
7. 完美	有缺陷;草率;低劣手艺,滥竽充数。	沮丧(?);失望;无所事事。
7a. 必然	偶因论;不一致。	混乱;不可预测。不安全。警戒。
8. 完成;终局	未完成	永远的未完成感。无指望。中止努力和竞争。试也无用。

---

①　[美]马斯洛:《人性能达的境界》,313~314 页。

续表

存在价值	能致病的剥夺	对应的超越性病态
9. 正义	不公正	无保障；愤怒；犬儒主义；不信任；无法无天；混乱的世界观；极端自私。
9a. 秩序	无规律。混乱。权威破产。	不牢靠。疲惫。丧失安全感，不可预测。有必要警戒，惊醒，紧张，戒备森严。
10. 单纯	混乱的复杂；不连贯。瓦解。	过于复杂；混淆不清；迷惑，冲突，失去方向。
11. 丰富；完整；全面	贫乏。极端。	沮丧；不自在；对世界不感兴趣。
12. 轻松自如	吃力	疲劳，紧张，笨拙，粗野，僵硬。
13. 兴致勃勃	幽默丧失	冷酷；沮丧；抑郁寡欢；丧失生活热情。丧失享受能力。
14. 自我满足	机遇；偶然；偶因论。	依赖于观察者(?)。依赖成为责任。
15. 富有意义	无意义。	无意义。失望。生活乏味。

　　在这里，我们需要做的一件事情，是指出在马斯洛需要理论理解上的某种理论释误。长期以来，国内外大多数论者都只是把马斯洛的需要理论视为一种人的不同层次要求的组合，特别是管理科学中提及的所谓马斯洛的"五需要论"。而在专门介绍马斯洛的一些论著中，也常常以马斯洛1954年发表的《动机与人格》一书中的需要层次论来表述，而且还抽象地将后来马斯洛关于发展性（生长性）需要的理论简单地说成是基本需要理论的发展，这不能不说是一种十分严重的误解。①我认为，随着马斯洛科学人本主义框架在《存在心理学探索》一书中形

---

①　参见如美国弗兰克·戈布尔的《第三思潮：马斯洛心理学》、英国柯克的《人格的层次》、许金声的《走向人格新大陆》。

成,马斯洛对自己的需要理论做出了根本性的修改,这就是我们前面已经提及的两种不同性质的需要构架的表述。在马斯洛早期的需要理论中,生存的基本需要通常是这样概述的:生理需要、安全需要、归属与爱的需要、尊重的需要、自我实现(有时还提到认知和审美的需要)。在此时,自我实现仅仅是生存的基本需要的一种,与生理需要、爱的需要处在同一等级连续统之内,无非是更**高级**一些罢了(见图二):

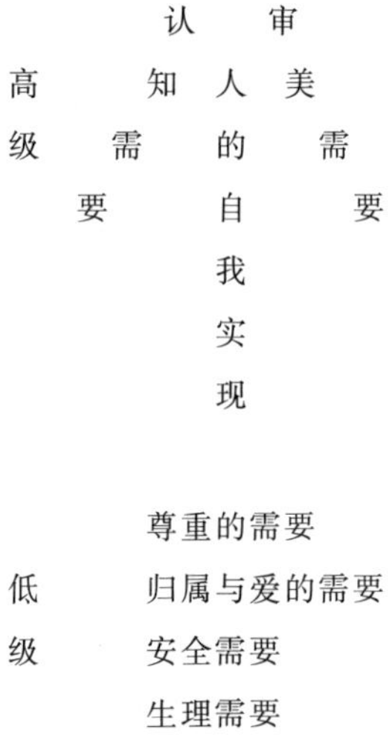

```
              认    审
   高      知  人  美
   级      需  的  需
          要  自    要
              我
              实
              现


          尊重的需要
   低    归属与爱的需要
   级    安全需要
         生理需要
```

图二　生存需要等级表

当时马斯洛指出:"在人的发展过程中,这些需要具有一定的级进结构,在强度和优势方面有一定顺序。通常,对食物的需要是最强的,其次,与诸如爱等其他方面的需要相比,安全需要是一种较具优势、较强、较迫切、较早出现和较有活力的需要。所有这些需要都可以被看作趋向总的自我实现的各个不同阶段,都可以被归于自我实现之中。"[①]而在后来,当马斯洛的新人学逻辑形成之后,就产生了需要层次论的一个巨大的格式塔整体转换:原来的五层次需要论被两个**本质**不同的需要递进的逻辑构架取代(见图三):

---

① 　[美]马斯洛:《人类价值新论》,23～24 页。

人性无　　　　　　　　　人性无

限拓展　　存　　　存　　限拓展

在　完善　在

爱　完整　认

完成　　知

正义　　　生长性

活跃　　　或发展

丰富　　　性需要

单纯　　　（超越

美　　　　性动机

善　　　　和存在

独特　　　价值）

轻松

乐观

真实

自我满足

自我与他人的尊重需要

生存的

归属与爱的需要　　　　基本需

要（缺

安全的需要　　　　　　失性动

机）

生理需要

图三　非等级的存在价值表

在这里，存在价值的引入是需要理论新逻辑形成的关键，在这个新的存在价值框架中，原先那种等级需要递升被打乱，爱升华为**存在爱**（Being love）①；认知升华为**存在认知**（Being cognition）②；人的生存达到本真状态后，必然导致人性结构的立体式的无限拓展。甚至

———————

① 关于存在爱（B-Love）与缺失爱（D-Love）的比较研究，可参见［美］马斯洛：《存在心理学探索》，37～39 页。

② 关于存在认知问题，参见本书第三章。

连"低级的"需要也在存在状态中重新得到确定,或者说,存在价值已经将生存的基本需要**扬弃为自己的内在前提**。这是一个**辩证的双向建构**。这也就是说,没有自下而上的基本需要的满足,存在价值的实现是不可能的;但是存在价值的实现又完全**统制**先前作为基础的基本需要。如果说,前一种等级需要系统是一个简单地由低向高递升的过程,而在后一种逻辑中,则是人从基本需要由下而上地达到存在价值后,再由上而下的泛化升华过程,记住这一点十分重要。我们说,马斯洛的存在本体论就是从这后一种人的生存需要系统中的核心——存在价值的规定中产生的。

仔细看一下马斯洛的存在价值表,我们不难发现他这里是在对人性进行一种哲学界说,即力图说明**人性所能达到的最高境界**。这也是马斯洛后来一本书的书名,即《人性能达到的境界》(*The Farther Reaches of Human Nature*)。可以看出,马斯洛将这种存在价值视为人的最高的、固有的、根本的本性或"同一性"。它是人的**类本质**真正的理想存在状态,这也是人性本身的结构中内在的、终极的、属于整个种类的价值。这表明,在人的生存中,一旦人的生存基本需要得到满足,就会产生与如何生存得更好、成为"真正的人"有关的需要(动机),最终跨入马斯洛所称之为**存在性领域**的生活状态。至此,人就开始受到新的超越性动机的支配和驱动,当然,在这里的这种动机不再是原来意义上的强迫性驱动,而是人自身在进入人的真正**存在状态**后所实现的一种"自我促动"。马斯洛说,这种不同于一般生存的"存在状态是暂时的、超激发的、非努力的、非自我中心的、无目的的、自我批准的状态,尽善尽美和目标达到时的体验和状态"①。在这里,人所关心的是目的,而不是手段!"也就是说,它关心的是目的体验(end-experience)、目的价值(end-values)、目的认知(end-cognition)、作为目的的人(people as ends)。"②实际上,这就是马斯洛所指称的人的最真实的**本质状态**。人,一旦进入这种存在的境界,就意味着在超越缺失性

---

① [美]马斯洛:《存在心理学探索》,64~65页。

② [美]马斯洛:《存在心理学探索》,65~66页。

领域的"存在王国"中生活，说存在语言，有存在认知，享受"高原体验"和存在爱，使人的生存真正达到他内在价值和真正的"目的水平"。① 总之，在存在状态中，人实现了他的一切潜能，人成为真正的人。

而当马斯洛从人的本真存在状态指称人性的真正合理内核，作为潜在性存在的人的种质（germplasm），并且说这种价值不仅仅是我们人自己存在的价值，**还是**整个世界的价值（因为人性的实现又使其指代整个宇宙、每一存在物、实在的一切）②时，他就是在表达一种哲学本体论了，一种新的**人学存在本体论**。

第三节　现实的尚未存在的人学本体论

如前所述，马斯洛在人的类本质潜能化上的论证十分接近弗罗姆。但是，在马斯洛存在本体论的逻辑框架中，关键的一环是他对人的类本质潜能的现实化确证，即把自我实现一类的存在价值从今天已经存在的人类个体中找到，从而再进行必要的人学逻辑推演。马斯洛的这一逻辑建构环节是至关重要的，他正是凭借着这一步有效地超越了弗罗姆停留其上的传统人本主义，并走向了科学人本主义。

在弗罗姆那里，人学本体逻辑是从人生存的两个二律背反出发的。一是，生与死。当人是自然的一部分时，他却被与自然分开了。"他无家可归，但又与所有动物一样，被囚禁在家中。他在偶然的时间和地点被抛入这个世界，却又偶然地被迫离开这个世界。他意识到他自己，他明白他是无能为力的，他的存在是有限的。他看到了自己的结局：死亡。"③二是，类与个体。弗罗姆认为，每个人都具有人类的全部潜能，然而生命的短暂却不允许人全面实现他的潜能，甚至在最有利的环境中，也复如此。人的生命从开始到后来，都不过是人类进化过程

————————

① 参见［美］马斯洛：《人性能达的境界》，267～273 页。
② 参见［美］马斯洛：《存在心理学探索》，74 页。
③ ［美］弗罗姆：《为自己的人》，56 页。

中的一刹那,这一点与个人实现人的全部潜能之要求形成了悲剧性的冲突。很显然,在弗罗姆的人学本体论中,人的本质仍然仅仅是类的本质,人的丰满人性只属于人的种,而个体对人的本性(潜能)的**分有**,由于两个生存的二律背反,必然造成了个体存在的不完整性、不全面性。于是,对于个体来讲,那个**应该**实现(却**从来没有实现过**)的人的类本质,就永远成为一种人学逻辑上理想的类引导(弗罗姆潜能的本意),维系着人的个体现实存在与类本质的矛盾。也因此,弗罗姆说,人的科学能赋予我们一幅"人性模型"的图像,"从这幅图像上,我们能**演绎出目的**,然后找到实现目的的手段"①。并且,"演绎出"(在另一个地方弗罗姆用了"推论出")②使"人致力于一个目标、一种观念或一种超越于人的力量(如上帝)",这也就是说,人面对现实与类本质的分裂,他会去主动寻求平衡。"人首先在思想上进行了恢复统一和平衡的努力。他建构了一幅作为参照框架的包括精神在内的世界之图像,根据这个参照框架,人能回答关于他处于何种境地及他该干什么的问题。"③很明显,弗罗姆的人学逻辑仍然是传统人学的,因为人的类本质仍然存在于非现实的彼岸世界之中,幻想的锁链其实并没有真正被砸碎。

首先,马斯洛表示赞成弗罗姆的某些关于人应该实现自己的潜能、成为完整的理想的人的主张。他指出,长期以来人学家们都在追求"人类的终极价值"这样一个遥远的目的,不过不同的人学家把它分别称为自我实现、整合、心理健康、个别化、自主性、创造性、生产性等,可是大家一致同意的是,这个目的就是使人的潜能现实化,也就是说,使这个人成为有完美人性的,成为这个人能够成为的一切。④ 但是,马斯洛不满意传统人学对人性和人的本体论的理解,科学人本主义要求他在逻辑上走出新的一步,即从本体论上**实证地**运演出传统人本主

---

① [美]弗罗姆:《为自己的人》,47 页。引文内黑体部分为笔者所标示。
② [美]弗罗姆:《为自己的人》,42 页。
③ [美]弗罗姆:《为自己的人》,61 页。
④ 参见[美]马斯洛:《为自己的人》,61 页。

义仅仅存在于形而上学中的人学逻辑。这的确是一个十分困难的任务。

马斯洛说，传统人学的缺陷正是在以往人学逻辑上这种"大家都熟悉的手段-目的的价值命题"上：这就是，"**如果**"你要达到目的 X，你就该采取手段 Y。——如果你想长寿，你就应该吃维生素。——如果你是人，你就应该是自我实现的。问题的症结首先在这个"**如果**"上，因为这个"**如果**"是某种伦理学的**规范标准**，而不是**描述性的科学性的标准**。马斯洛认为，其实我们完全可以"在**经验上**知道人需要什么"！这是一种现实的逻辑，而不是"形而之上"的逻辑。

其次，马斯洛又要向

> 我的那些将我们现在的状况与我们应该达到的状况加以严格区分的、有哲学思想的同事们再进一言。我们**能够**成为什么＝我们**应该**成为什么，但**能够**这一用语比**应该**要好得多。请注意，假如我们采取经验和描述的态度，那么应该就是完全不合适的词。例如，如果我们问**花**或者**动物**应该成为什么，显然很不合适。应该一词在这里是什么意思？一只小猫应该成为什么？①

马斯洛声称要用"一种更有力的方式"来表达同一个意思：今天我们有可能在某一时刻区分一个人**目前**是什么和他**有可能**是什么，但是我们应该知道，人性是分为不同深度的，人的本质（需要）也区分为不同层次。关键是它们都是**现实存在的**！马斯洛以无意识与有意识为例："无意识与有意识的东西共同存在，尽管它们可能会发生矛盾。一个**目前存在**（在某一意义上），另一个**目前也存在**（在另一较深层的意义上）并且有一天将有可能上升到表面，成为有意识的东西，于是便在**那个**意义上**存在**。"②人性的结构也是如此，人性的完善的一面不是一种形而上学的理想，抽象的逻辑和伦理学上的"应该"，而是一种**存在**。人

---

① ［美］马斯洛：《动机与人格》，323 页。
② ［美］马斯洛：《动机与人格》，324 页。

的"潜能不仅仅是'**将要**是'或者'可能是';而且它们现在就**存在着**。自我实现的价值作为目标存在着,而且它们也是真实的,尽管还没有现实化。人既是他正在是的那种人,同时又是他向往成为的那样的人"①。人性的潜能,发展的最高需要都是现实存在的,一种现实的可能存在(像无意识一样),这种需要是现实展开的潜能,即第二意义上的存在。弗罗姆也说过,

> 我们**的确**有一种性质,一种结构,一种类本能的倾向和能力的朦胧的骨架结构,然而,从我们身上认清它,却是伟大的、难以获得的成就。做到自然、自发、了解自己的本质,了解自己的真正的需要,这是一个罕有的高境界……②

逻辑运演的最后一步,马斯洛让人学本体论证的推论干脆失去了残余的抽象性,步入了真正的现实,即人性的完整结构,理想人的本质存在的主体学本体论现实的真正基点。

马斯洛是这样开始他的论证的,他认为,长期以来,我们在研究人的时候往往是以病态的人(弗洛伊德的精神病人、弗罗姆的异化人等)为蓝本的,这是一种错误的起点。其实,正像要知道马能跑多快只能去研究赛马场上跑得最快的良种马一样,我们要知道人能跑多快,就不能去研究残疾人,而要去研究奥运会上的赛跑冠军。③ 同样,我们研究人的本性,并不能像传统人本主义那样,仅仅停留在人的类本质的"应该"上,因为这种"应该"还是抽象的逻辑推论。我们的应该只**能从现实的人的最好发展中去寻求**。这就是说,人的存在本体之确证只有从人的现实生存中开始。

马斯洛指出,他所列举的那些"属于整个种类"的存在价值,并不是所有人都能在现实生存中轻易达到的。一般的人类个体大都处于"实

---

① [美]马斯洛:《存在心理学探索》,144 页。

② [美]弗罗姆:《为自己的人》,324 页。

③ 参见[美]马斯洛:《人性能达的境界》,12 页。

践的"缺失性生存状态，受缺失性动机的制约，而仅仅在生命行将终结的时候才对此有所领悟（老年人的"知天命"和"随心所欲"），只有少数优秀人物（如杰出的科学家、艺术家和政治领袖）才可能真正达到这种人的本体生存状态，进入"存在王国"，成为真正自我实现的人。① 这种自我实现的人虽然为数不多，"但始终是存在的"，特别是，既然这种存在价值已经被证明是现实存在的，"那么，从原则上来说，它**也是一种可以实现的现实**"②。格外重要的是，自我实现的少数精英分子的潜能都得到了充分的发展，他们的内在本性没有受到歪曲、压抑，他们成为"人"，他们的**现实生存状态**也就成了我们大多数仍然处在缺失性领域中的人做"人"的一种"向导和榜样"，一种希望、动力和追求，"一种尚未达到而一心向往之的东西"③。也正是在这个意义上，这种现实的人的生存状态就成为大多数人的**尚未实现但可以实现的本体存在**，一种对真正人性的**期望**。"S 尚不是 P"，但"P"（理想人性结构）的确是现实的，它成为"S"（大多数人）的人学本体逻辑上的导引。大多数人可以在那些"真正的人"身上现实地看到自己**还不是人**的差距，从而使自己努力向"人"走去。这样，在现实中就出现了原来在逻辑中才构成的"真正的对立"，"实践的领域"与"永恒的领域"的并存，一种人的实存状态和本真状态的并存，一种"非人"和"人"的并存。这是一种崭新的人本主义哲学本体论构架。逻辑被现实具体运演了，这使人本主义哲学的根茎仿佛扎入了现实的土地。

在上文中，我曾说马斯洛一反传统人本主义的逻辑，是从反方向运演至人的本质的，至此，其逻辑意向可以悟得了：传统人本主义是设定人有某种先天应有的理想本性（"自然权利"），而现实的人失落了它，所以人的现实状态总是异化于主体本质的；马斯洛则从人的低等

---

① 关于马斯洛自我实现人的理论，参见本书第四章。

② ［美］马斯洛：《动机与人格》，18 页（前言）。引文内黑体部分为笔者所标示。

③ ［美］马斯洛：《人类价值新论》，31 页。

生理需要出发，一步步扬弃传统人本主义推崇的那些人的自然生理、心理和情感特性，最后在现实中引发出一个在极少数优秀人物那里已经存在的本质状态来，并将其哲学本体化，视为**人**的真正本质。所以，"人按着他自己的本性，表明有指向越来越完善的存在、越来越多地完全实现其人性的压力"①。但这不是一种思辨的推论，而是"具有同样精确的**自然科学**的意义"。就像一颗橡树种子成长为一棵橡树，橡籽就是现实的，也已经有真正的橡树**存在**了。在此，我们可以重新去回味马斯洛提出的那个极为重要的命题，即**人的本质存在的似本能性**。存在的价值和人的本质决不仅仅是一种幻觉和美好想往，而在今天的人的历史发展中，人的本质存在已越来越被证明是人的生命中某种类似"对维生素 D 的需要"的本能性的东西。我们甚至可以把它称为"人类的动物性"②。这种似本能的人的本质特性当然可以从实证科学的角度被确认。这样，马斯洛从本质向现实存在、从价值向科学又大大地跨进了一步，从而证明人本主义的科学化是可能的，人本主义能够与科学融合，人的本质既不是传统人本主义的抽象理想主体，也不是浪漫主义的复古怀旧，而是现实的人的尚未实现的潜能，它是本质与存在的统一。人的本质既是现实的(在少数人那里)，又是**理想的**(在大多数人的前面，它是一般人发展的希望，一种"人"的引导，"一个特殊族类在生物上、气质上和素质上应是的那个人"③；既是人的可能实现的本质，又是科学的生命体中固有的似本能。马斯洛简直太棒了！胡萝卜就是大棒。人本主义的思辨逻辑也正是从这里开始被**科学化**和**现实化**的。

　　在马斯洛的笔下，这种人的本体存在是一种"尽善尽美的涅磐状态"④，或简直表现为一种如同"上帝"一样的绝对境地。人永恒地追求

---

① ［美］马斯洛：《存在心理学探索》，144 页。

② 参见［美］马斯洛：《动机与人格》，104～111 页。

③ ［美］马斯洛：《动机与人格》，111 页。

④ ［美］马斯洛：《存在心理学探索》，40 页。

着这种终极的人的本体状态，可是无论如何，这种状态本身却是"注定我们要永远力求达到而又永远不可能达到的状态"①。这是一个悲剧。但可庆的是，如果每一个个体都有一个良好的形成过程，就可以一次又一次地得到"绝对存在的暂时状态"的奖赏，进入非常人世界的辉煌境界。②

---

① ［美］马斯洛：《存在心理学探索》，138 页。
② 参见［美］马斯洛：《存在心理学探索》，170 页。

第三章　高峰体验与存在性认知的新视界

> 禅的探究法是直接进入物体本身，可以说，是从内部来看它。认识一朵花就是变成这朵花，成为这朵花，像花一样开放并享受阳光雨露。当我这样做时，我就知道了它那颤动着的全部生命，不仅如此，伴随着我对花儿的认识，我还知道了宇宙的全部奥秘，其中也包括了我的自我的全部奥秘。于是，一个迄今做梦也想不到的崭新景象就呈现了。
>
> 禅就是平常心。
>
> ——铃木大拙

马斯洛的存在本体论既是人的高级精神境界，也是人的最真实的本质。自然，马斯洛绝没有丝毫要否定外部世界的意向，而不过是认为，**在物质生活的基础上**，只有进入人的这种最高存在状态，才可能最真实地占有人的本质，实现人性最美好的境界。正是在这种本体论之上，马斯洛提出了一套有别于一般认知过程的新的**超常认识理论**。

我们已经知道，马斯洛通过当代一些最优秀人才的实验性测量和经验汇集，来向人们展示人性的潜能和人的现实的真正存在，可是能够进入这种本体存在状态的出类拔萃的精英人物毕竟是少数，而绝大多数民众却只好处于"半醒的状态"了。不过，存在状态不是幻觉，它对任何一个愿意从善的人都有可能给予赏赐。通过什么呢？马斯洛以为，天堂通过所谓"高峰体验"向人们开启了一扇可以用凡胎肉眼窥见圣灵的天窗。在这里，人们将会惊奇地看到一个全新的天地视界。

第一节　高峰体验与东方的道禅意境

马斯洛让人们首先注意在我们身上都发生过的一种神秘的体验："这种体验可能是瞬间产生的、压倒一切的敬畏情绪，也可能是转眼即逝的极度强烈的幸福感，或甚至是欣喜若狂、如醉如痴、欢乐至极的感觉。"①而有这种体验的人"都声称在这类体验中感到自己窥见了终极的真理、事物的本质和生活的奥秘，仿佛遮掩知识的帷幕一下子给拉开了。……像突然步入了天堂，实现了奇迹，达到了尽善尽美"②。马斯洛说，这就是**高峰体验**（peak-experience）。③

为什么称之为高峰体验呢？因为

> 这些美好的瞬时体验来自爱情，和异性结合，来自审美感受（特别是对音乐），来自创造冲动和创造激情（伟大的灵感），来自意义重大的顿悟和发现，来自女性的自然分娩和对孩子的慈爱，来自与大自然的交融（在大森林里，在海滩上，在群山中，等等）。④

在我们的日常生活中，似乎每一次真正卓越、完美的经验，或者向完全的公正、真正的价值前进一步，都往往会让人产生这种达到了顶峰状态的高度兴奋、激动和幸福体验。下面是马斯洛常常喜欢举的例子：一个年轻的母亲在厨房忙碌着，为她丈夫和孩子准备早餐，这时，一束明媚的阳光泻进屋里，阳光下，孩子们穿戴整洁，边吃着饭边喋喋不休地说着话，她丈夫正和孩子们随便说笑着。当她看着他们时，她突然陶醉于他们的美，自己对他们的爱以及自己的幸福感，以

---

① ［美］马斯洛：《人的潜能和价值》，366 页。
② ［美］马斯洛：《人的潜能和价值》，367 页。
③ 在弗洛伊德的著作中，这种体验被称为"海洋体验"。
④ ［美］马斯洛：《人的潜能和价值》，368 页。

至于进入一种高峰体验。再比如,一个人在梦中来到了天堂,而且他被赠予一束鲜花,以证明他的灵魂确实到过这里,假如当他醒来的时候,突然发现他手中果真有一束鲜花,他此时的心情会怎样呢?必定激动万分而不能自抑。

以往,人们通常把这种"神秘"体验视为与宗教迷信有关的现象,可马斯洛却认为,这是一种偏见。其实,这些在日常生活中与每一人都有缘的体验并不一定是什么幻想离奇、神秘莫测的东西,也无须经过长时间的修炼后才能获得,具体点说,它不只是为那些在特殊的优雅环境中深居简出的人所专有,如僧人、圣徒、瑜伽信徒、禅宗佛教徒等,任何一个正常的普通人都可能在平凡的生活中得到这种高峰体验。它好像无时无处不在。"几乎在任何情况下,只要人们能臻于完善,实现希望,达到满足,诸事顺心,便可能不时产生高峰体验。这种体验完全可能产生于非常平凡低下的生活天地里……"①它就像中国禅学的"平常心"(nothing special)。所以,它可以是神秘体验、宇宙意识、审美体验、创作体验、爱情体验、父母情感体验,也可以是顿悟体验、死前领悟等。一个诗人可能因一首成功的诗而产生高峰体验,数学家则可能因一次成功的数学证明获得类似的感受。无论是手持橄榄球向底线冲去的高中运动员,还是因成功制定了一个完美无缺的无花果罐头厂的设计计划而感慨万千的企业家,或是陶醉在贝多芬第九交响乐柔板中的大学生,他们都因某种成功而获得这种极度的幸福感。因此马斯洛说:艺术家和家庭主妇之间并非相去甚远,他们不仅生活在同一世界上,而且有时会产生共同的语言和共同的体验。人是能相通的,在上帝(高峰体验)面前,人都是平等的。并且,"一个人的情感越是健康,他就越有可能产生高峰体验。同样,我们经历的高峰体验越多,精神世界就越是健康"②。

当然,高峰体验通常不是有意制造的。它近乎一种"喜出望外"

---

① [美]马斯洛:《人的潜能和价值》,369 页。

② [美]马斯洛:《洞察未来:马斯洛未发表的文章》,8 页。——笔者修订版

(surprised by joy)，"高峰体验都是以毫无预料、突如其来的方式发生的"①。它一般是作为一种"附产品和副现象出现的"。马斯洛说，我们可以根据以往经验使这种感受更可能产生，或者不那么可能产生（比如，有的人在性生活上总能获得高峰体验；有的人则可以指望在某些音乐或某种喜爱的活动中得到相同的感受，如跳舞和潜泳）。但是，没有任何一种途径能够**确保**产生这种体验。

> 当你们抱有信赖感、臣服感或道家那种对万事万物听其自然、不加干涉的态度时，你们便处于最易于形成这种体验的精神状态。你们一定要能够放弃自己的骄傲、意志和支配感，不要力图操纵和控制自己的感情。你们要能够放松自己，让高峰体验自然而然地产生。②

我们注意到，马斯洛将这种被称为高峰体验的东西经常与中国的"道家学说和禅宗佛学"相联。他甚至认为，高峰体验的发现"与佛教禅宗和道家哲学更吻合，远远超过了其他任何宗教神秘主义"。这是一种神奇的**不言而喻**式的感受（波兰尼的默缄意境！）。在马斯洛眼中的道家学说中，"'道家的'意味着提问而不是告诉。它意味着不打扰，不控制。它强调非干预的观察而不是控制的操纵。它是承受的和被动的，而不是主动的和强制的"③。而对于禅宗佛学，就像小和尚如果问"佛是什么"，禅师会顺口扔一句："干屎橛。"若再问禅义是何物，禅师则举起一只手让你听，或干脆给你一脚、一巴掌。④ 禅是一种境，它是由领悟和感受建构成的一种主体心灵中的**接合**（articulation）**意义场**（波兰尼）。⑤ 高峰体验也是如此：它是"不能以理性的、逻辑的、抽象的、

① ［美］马斯洛：《人的潜能和价值》，372 页。
② ［美］马斯洛：《人的潜能和价值》，373 页。
③ ［美］马斯洛：《人的潜能和价值》，20 页。
④ 参见［日］铃木大拙，［美］E. 弗罗姆、R. 德马蒂诺：《禅宗与精神分析》，洪修平译，沈阳，辽宁教育出版社，1988。
⑤ 参见［英］波兰尼：《意义》，185 页。

可以表达的、可以分析的、意义确切的语言来传达和交流"的。高峰体验就是一种类似道禅意境的东西，或者说是被波兰尼称为**意会认知**的东西。高峰体验由于使人或产生重大的顿悟、启示或皈依宗教，从而导致人的整个人生观发生格式塔改变。此时，人的主体立刻发生了一种超越一般实在情境的瞬间浮游，人们在高峰体验的瞬间感受到了永恒，"**我即是佛**"！我们就像"暂时步入了天堂"①。在这里，人用全部心身感知到一个超常世界，一切都变得神圣了，一切都变得美好了，一切的一切都被重新界说了。这是道禅的彻悟。在高峰体验中，常识的面纱脱落了，人们感到了神圣的"启示"，人们突然获得了一种对"隐蔽真理的察见"②。比如，一个妇女在刚刚经历了顺产以后会说：我在当时感到自己就像是一个女皇，一个世界上最完美的女皇。而一个军人在回忆起他在战争期间夜护航的情景时说，在没有一丝光亮的沉沉黑夜里，他感到一种无比敬畏的情绪油然而生，感到自己已经与广漠的宇宙融为一体，被包含在整个世界的美之中，不可分割。

马斯洛发现，在高峰体验中产生了某些非常奇特的现象，如"**是什么样**"与"**应该怎么样**"已合二为一，二者变得似乎没有任何差异和矛盾。"感知到的是什么，同时就**应该**是什么。凡实际出现的，便都是美好的。"③这不正是马斯洛科学人本主义所要追求的吗！？对此，马斯洛是十分兴奋的，他激动万分地写道：

> 请注意！高峰体验具有重要的意义，它可以被吸收到——或甚至完全取代——那些不成熟的观念；根据这些观念，天堂不过像一个乡村俱乐部，只是地点有些特殊罢了，大概在云层里。而在高峰体验中，人们常常能直接窥见上帝的**本质**，而永恒性也似乎成了现实世界本身的特征，或者换种说法，天堂就在我们的身边，从大体上看，它在任何时候都可以达到，我们随时都可以步

---

① ［美］马斯洛：《人的潜能和价值》，375 页。
② ［美］马斯洛：《人的潜能和价值》，66 页。
③ ［美］马斯洛：《人的潜能和价值》，374 页。

入天堂，逗留几分钟。天堂存在于任何地方，在厨房里，在工厂里，在篮球场上——在任何地方完美都可以出现，**手段可以变成目的……**①

很明显，马斯洛在这里把对高峰体验的理解上升到人学本体论的境界中去了。在这里，我们清楚地看到，原来在弗罗姆那里不那么清晰的相同观念被系统整合了。弗罗姆是用模糊的"美好刹那间"；而在马斯洛这里，这种神秘的美好体验被具体确定到特定的哲学本体论中去了，"高峰体验"是凡人对本体存在的暂时的分有。②

马斯洛埋怨人们没有重视高峰体验的研究，而他自己则决意对此进行"科学的研究"（又是科学与体验的结合！）。这种研究的结果却大大超出了原来的期望：马斯洛从这种所谓道禅意境的高峰体验中竟然造出了他自己的科学人本主义的认识论框架。马斯洛发现，高峰体验原来是一般人在偶然踏进存在的本体境界时的产物，是"存在"的短暂时光。③ 人在高峰体验中不仅获得了一种美感，而在实际上拥有了一种新的认知能力。当人们由于某种特殊的原因与"存在"发生关联时，在自身的主体感知场的格式塔转换中产生了一个新的认知视界。这就是存在性认知。

第二节　缺失性认知与存在性认知

马斯洛让我们注意类似东方道禅意境的高峰体验，其目的就是为了引出他对科学人本主义认知框架的某种新界说。他不厌其烦地让人们关注到这样一个事实：当人们处于高峰体验中时，似乎总有一种超

---

① ［美］马斯洛：《人的潜能和价值》，381 页。引文内黑体部分为笔者所标示。

② 参见［德］弗罗姆：《逃避自由》，陈学明译，336～337 页，北京，工人出版社，1987。

③ 参见 Abraham H. Maslow. "Defence and Growth", in *Merill-Palmer Quarterly*, 1956, 3: p. 47。

越感,仿佛"我即是佛",而不再(暂时)是原先那个"小我"。当我领悟了贝多芬第九交响乐中那种崇高英雄欢乐的心境时,我就抛弃了在现实生活中那个为了谋生而唯唯诺诺的谦卑面具;当我醉心于大海那宽阔无边的雄壮气势时,世俗生活中似乎无法摆脱的苦恼一扫而光。在高峰体验中,我们看到了一个高大的与上帝并肩的"大我"和一个在世俗中忙碌的"小我"。马斯洛要我们抓住前者,摈弃后者。因为,前者正是科学人本主义所主张的**存在性认知**视界中的产物,而后者则是一般常人所具有的**缺失性认知**的结果。

马斯洛认为,所谓存在性认知(cognition of Being,简称 B 认识)不同于那种由一般个体缺失性需要构成基础的认识,即缺失性认知(cognition of Deficiency,简称 D 认识)。马斯洛原来在研究科学认知时,将两种不同的认知类型称为"焦虑的认知"和"健康的认知"。后者又是为安全需要服务(避免焦虑)的"审慎认知"和以成长为动力的"勇敢认知"的统一。① 在他看来,一切常识的认知都是缺失性认识,所有的一般人("凡夫俗子们")都只能在其生存地基本需要的匮乏中与对象发生认知关联。缺失性的需要和动机引导着人们带着浓厚的功利价值取向去认识**为我**的对象,因而致使这种认识从一开始就注定是不可能真实的。与此相反,存在性认知才是摆脱了一切偏狭功利取向的真正的人的科学认知形式。也只有人站在存在价值的本体框架中,才能超越缺失性常识认知,从而实现一种认知视界的转换。马斯洛分析道,由于缺失性认知是从基本需要或缺失需要以及它们的满足和受挫观点组织起来的,所以,世界被编进我们自己需要的满足组和受挫组,世界的其他特点被忽视或被掩盖了。② 在这个意义上,缺失性认知也可以叫作"利己认知"(selfish cognition),这种认知是不可能真正接近真理的。而存在性认知是离开了主体自我的客观性"对象认知",在这种认知中,人们"按着对象自身的真象和它自身的存在,不涉及它满足需要或挫折需要的性质,即基本上没有涉及对象对于观察者的价值,或它

---
① 参见马斯洛《科学心理学》第三章。
② 参见[美]马斯洛:《存在心理学探索》,183 页。

在他身上的作用"①。这样，在这种新的视界中，人就能排除主体的偏好，真实地去把握和透视客观世界的本质和各种客观特性。马斯洛将这种存在性认知视为一种高级的认知形式。在《科学心理学》一书中，马斯洛也借用马丁·布伯对我-它关系和我-你关系的区分，将上述两种知识指认为"我-它知识"（I-It knowledge）和"我-你知识"（I-Thou knowledge）。②

马斯洛曾以当代日本禅学大师铃木大拙对一首题为《小花》的诗的禅意分析为例，来说明存在性认知的独特境界。他写道，在铃木那里，"那朵小花是作为它自身的本来面目被观察的，同时也把它看成像上帝一样，像是全身放射出天堂的光辉，挺立在永恒之中"。这朵花不是作为一朵"缺失-花"，而是作为一朵"存在-花"被观察的，从存在认知的方式去看它，"当然所有这一类存在的永恒和神秘，以及天堂的光辉等都是真的，而一切的一切都是在存在的王国中被观察的，即看这朵花就像透过这朵花窥见了整个存在王国"③。在这里，存在性认知简直成了一种神圣的境界。

为了让人们更清楚地了解存在性认知的本质，他特意将存在性认知与缺失性认知这两种不同的认知形式（视界）从特征上做了如下一个对比：

存在认知和缺失认知的特征比较

马斯洛原先在《存在心理学探索》一书中对存在性认知做过一般性的界定，这里的比较性研究意在对两种认知形式从功能上进行更深入一步的确定。马斯洛自己认为，这是对《存在心理学探索》一书的重要修正和完善。

存在认知（B-cognition）	缺失认知（D-cognition）
1. 视世界为整体，完全，自	视世界为部分，不完全，不自

---

① ［美］马斯洛：《存在心理学探索》，183 页。

② 参见［美］马斯洛：《科学心理学》，42 页。

③ 参见［美］马斯洛：《人性能达的境界》，183 页。

足，统一。或者是宇宙意识（伯克），即整个宇宙被感知为单一的事物，个人自己也附属于它；或者人、物，或所见世界的一部分，被视为好像就是整个世界，即世界的其余部分被忘却。对统一的整体性感知。世界或对象的统一被感知。

足，依赖于其他事物。

2. 排他地、充分地、仔细地专注；全神贯注，入迷，集中注意；完全注意。倾向形基不分。细节的丰富；从多方面观察。以"关切的态度"观察，全面地、强烈地、彻底地投入。情感贯注。相对重要性变成不重要的；各个方面都同等重要。

对一切有关原因同时注意。明显的形基区分。视为世界的一部分，和所有其他部分有联系。被仪式化；仅仅从某些方面观察；对某些方面有选择地注意和有选择地不注意；偶然地观察，仅仅从某种观点扑克问题。

3. 不做比较（就多罗塞·利的意思而言）。就它自身看，由它自己看。不与任何他物竞争，类的唯一成员（就哈特曼的意思而言）。

置于一个连续系统或在一个系列之内；进行比较、判断、评价。作为一类的一个成员、一个例子、一个样品来看。

4. 和人的事务不相干。

和人的事务有关。例如，它有什么好处，能用它做什么，它对人有益还是有害，等等。

5. 重复的体验能使人有更丰富的感受。认识越来越深刻。"对象之内的丰富。"

重复的体验变得枯竭、贫乏、不那么有趣或吸引人了，使它丧失了它为人所需的品质。熟悉带来厌倦。

6. 看成是不需要的、无企图的、非所欲求的、无动机的认识活动。似乎它和认识者的需要无关。因而能看成是独立的，有它自身存在的权利。

有动机的认识活动。对象被看成是需要的满足物，有用或者无用。

7. 以对象为中心。忘我的，超越自我的，不自私的，不计利害的。认识者和被认识者的同一和融合。全神贯注的经验使自我消失了，全部经验都能组织在对象自身的周围，使对象成为一个中心点或结合点。对象不受自我的感染，不同自我相混淆。认识者的自我克制。

以自我为结合的中心点，自我投射到感知的不只是对象，而且是对象与认识者自我的混合。

8. 让对象成为它自身。谦恭的，承受的，被动的，无选择的，不强求的。道家的，对于对象或印象不加干预。放任的接受。

认识者的主动塑造、组织和挑选。他改变它，重新安排它。他忙来忙去。这必然比存在认知累人，后者或许还有消除疲劳的作用。尝试，追求，努力。意愿，控制。一种手段，一种工具，不具有自身蕴含的价值而只具有交换价值，或只为他物而存在，或只作为到达他处的入场券。

9. 看成是目的自身，自身印证的。自身肯定。由于它自身的原故而令人感兴趣。具有内在价值。

10. 在时间与空间之外。看成是永恒的，普遍的。"一分钟是一天；一天是一分钟。"认识

在时间与空间之内。暂时的。局部的。在物质世界中。

者在时空中的无定向，对于环境没有意识。印象和环境无关。非历史性。

11. 存在的特点被认为是存在的价值。

缺失性价值是手段价值，即效用如何，合意不合意，对某一目的是否合适。评价，比较，谴责，赞成或不赞成，判断。和历史、文化、人物、地方价值观念有关，和人的兴趣与需要有关。可以感到它正在过渡。它的现实性依赖于人；假如人要消失了，它也会消失。作为一个整体，它从一个症候群转移到另一症候群，即有时和这一症候群有点关系，有时又和那一症候群有点关系。

12. 绝对（因为没有时间和空间，因为离开地面，因为作为它本身看待，因为其余的世界和历史完全忘怀）。这和过程知觉相符，和知觉内转化的、活跃的组织相符，但它是严格知觉内的活动。

里士多德的逻辑，即分离的事物被看成是被肢解的、割裂的、彼此完全不同的、互相排斥的，往往带有敌对的利益。

13. 二歧式、两极化和冲突的解决。不一致被看作同时存在，是合理的，必要的，即看作一种高级的统一或整合，或从属于一种超越分歧的整体。

14. 具体地（和抽象地）被感知。一切侧面同时被感知。因而不可言喻（指通常语言无法表达）；能够稍许用诗和艺术等描绘，甚至这也只能为一个已有同样体验的人理解。基本上是美感体验（就诺斯洛普的意思而言。）非抉择的偏爱或选

只能是抽象的、类化的、图式的、成规的、系统化的。分门别类。"还原到抽象。"

择。所见的是它的本来面目（和幼童、未开化的成人或脑损伤的具体感知不同，因为这种体验和抽象能力并存）。	
15. 带有自身特性的对象；具体的、独一无二的例证。分类不可能（抽象的侧面除外），因为它是它这一类的唯一成员。	法则性的、普遍性的，统计的合法性。
16. 内部与外部世界之间的动态同型性增进。正如世界的基本存在为某人感知，他也同时更接近他自身的存在；反过来说也一样。	同型性减退。
17. 对象常常显得很崇高、神圣，"非常特殊"。它要求或唤起敬畏、尊崇、虔诚、惊诧。	对象"正常"，天天见，很普遍，很熟悉，没有什么特殊感，"习以为常而无所谓"。
18. 世界和自我往往（不总是）被看成是有意味的、悦人的、喜剧的、有趣的、滑稽的、可笑的，也是辛辣的。开怀大笑（接近于流泪）。哲学的幽默。世界、人、儿童、等，被看作逗人喜爱的、可笑的、迷人的、可爱的。可能产生哭笑的混合。喜剧、悲剧的二歧溶合。	幽默的低级形态，假如有点幽默的话。完全枯燥无味的严肃问题。敌意的幽默，无幽默感。庄严肃穆。
19. 不可互换。不能代替。别的都不行。	可以互换。可以代替。①

---

① 参见[美]马斯洛：《人性能达的境界》，254～259页。

通过这里的比较分析，我们可以看出两种认知框架的根本不同点在于，在缺失性认知中，人们由于抱有**功利**的意向，认知结果往往是变形的；而在存在性认知的"无我"境界中，人才可能真正地认识世界，认知自我。马斯洛十分明确地指出，存在性认知新视界并非所有人都能轻易地自觉掌握，而只能是少数达到人性最高境界——存在状态的自我实现的人才具有。在一般的常人那里，仅仅是在偶尔进入"高峰体验"时才有限地获得。所以，高峰体验这种"极点的情绪不能长久持续，但存在性认知能长久持续"。

请注意，马斯洛的存在性认知又是一个可以现实地达到的**本真状态**！这是他人本主义的认知理论，一个科学人本主义逻辑框架中的新认识论。马斯洛把一般的认识论视为客体中心主义的低层次认知理论，而他要强调以人的主体为核心的人的认知视界，一种离开了本体存在的人就毫无意义的高级认知理论。他认为，真正的认知过程**绝不应是客体与物化主体的冷冰冰的对应，而是人对世界能动的主体投射，是人的本体存在全心身主体泛化后的升华物**！人的存在性认知才是获得真理的科学认识论。

不过在这里需要说明的是，马斯洛并没有在缺失性认知和存在性认知之间筑造一种相互隔离的藩篱，而是强调了这两种认知视界的沟通和递进关系。马斯洛批评那种"仅仅看到'存在'而无视'缺失'"的看法是不健康的幻想，他认为，存在性认知视界的完美"恰好依赖于对缺失领域的充分认识"①。这两种视界是完全可以融合起来的，缺失性认知的充分发展和成熟是存在性认知产生和存在的前提，存在性认知无法离开现实的基础。"我们必须在暂时中看永恒，必须在世俗中并通过世俗看圣洁。必须通过缺失领域看存在领域。"②这里只有一个世界，我们无非是对这同一个世界进行两种不同的认知罢了。"酒神和太阳神的对立"应该统一起来！

同时需要指出的是，我们不要以为马斯洛提出这种能够与中国道

---

① ［美］马斯洛：《人性能达的境界》，250页。
② ［美］马斯洛：《人性能达的境界》，252页。

禅意境相提并论的存在性认知，仅仅是在描述一种玄学式的主观理想认知状态，马斯洛是在实验科学的意义上来提出问题的。更可贵的是，马斯洛还在力图找到这一认知新视界科学对象化的途径。

在《人性能达的境界》一书中，马斯洛十分有趣地描述了在心理学科学实验中的两个例子。一是心理学家奥尔茨的实验。[①] 奥尔茨在人的嗅脑中隔区埋入电极，从而发现了人的"快乐中枢"。马斯洛立刻想到：人也有一种主观意义上的快乐体验（包括道禅意境式的存在认知场）可以通过这种方式产生。二是心理学家卡米亚的实验。[②] 卡米亚在用脑电图和操作条件进行研究中，当α波频率在被试者自己的脑电图中达到一定点时，便给予被试者一个可见的反馈。用这种方法让人类被试者能把一个外部的事件、信号与一种主观的感受的事态相关联，便有可能使卡米亚的被试者建立起他们自己的脑电图的随意控制。这就意味着，卡米亚证明了一个人有可能使他自己的α波频率达到某一理想水平。更重要的是，一些进一步的实验可以制造出让人"学会东方禅坐和'宁静'的脑电图"。马斯洛在此兴奋地惊叹道，"这就是说，已有可能教会人怎样去感受幸福和宁静"，有可能用**科学的方式**让更多的人去自觉享受那种"万古长空，一朝风月"的意境。[③] 马斯洛似乎试图以此告示人们，不要把他所从高峰体验中发现的新的认知理论简单地看作某种非科学的东西，存在性认知这种最高人性水准的认知视界是完全可以与科学兼容的。所以，从马斯洛对存在性认知的论证中，我们看到了较多的类似心理学临床实验性的东西，这是很有意思的现象。马斯洛是想在自己理论的任何一个环节中贯彻自己的科学人本主义逻辑，这样做，正是他要向人们证实，他的这种认知理论是有前途的科学研究。关于这一点，我们在他对存在性认知的进一步确证中还可以

---

①　参见 J. OLDS, "Physiological Mechanisms of Reward", in *Nebraska Symposium on Motivation*, 1955，3：pp. 73-138。

②　参见 J. KAMIYA, "Conscious Control of Brain Waves", in *Psychology Today*, 1968，1：pp. 56-61。

③　参见［美］马斯洛：《人性能达的境界》，17 页。

更清楚地看到。

第三节　人处于本真存在中的认知视界

那么，究竟什么是存在性认知运转的具体机制呢？马斯洛首先给它做出了一个总体性的概括：存在性认识是"目的认识"(end-cognition)，也就是终极性认识，它是一种超越，"指的是人类意识最高而又最广泛或整体的水平，超越是作为目的而不是作为手段发挥作用，并和一个人自己、和有重要关系的他人、和一般人、和大自然"，以及和宇宙发生关系。① 具体地说，可以对其再做这样一些重要的症候群式的界说：

第一，在存在性认知中，对象是作为本质被**完全把握的**。在这里，对象被"放大"了，它成了视线中的高度聚光点，"它似乎就是宇宙中所有的一切，似乎它就是和宇宙同义的全部存在"②。这就是说，"**知觉对象是被充分而完全地注意到的**"，这种特性可称为"总体注意"(total attention)。这是存在性认知的重要起点。在此，认知主体仿佛进入了一种反格式塔的最客观、最真实的认知境界，认知背景中的感知场被弱化了，"在这种注意中，图形成为全部的图形，背景实际上消失了，或者至少是没有被显著地觉察到。这时，似乎图形从所有其他东西中抽出来了，仿佛世界被忘掉了，似乎这时这个知觉对象已变成整个存在"③。认知主体变得"心醉神迷"，他沉湎于眼前的对象，忘记一切，超越时态("放弃过去"，也"放弃未来")④，像诗人和艺术家在创作的时候，都有一种在时空之外的感受，忘记了时间的流逝和周围的环境。存在性认知区别于缺失性认知那种"视世界为部分"的"类化的"比较式认知方式，即"对象不是按其本来面目，而是作为类的一个成员，作为

---

① ［美］马斯洛：《人性能达的境界》，271 页。
② ［美］马斯洛：《存在心理学探索》，66 页。
③ ［美］马斯洛：《存在心理学探索》，67 页。
④ 参见［美］马斯洛：《人性能达的境界》，66～69 页。

更大范畴中的一个范例来看的"①。存在性认知是一种"不可比较的认识"，它倾向于形基不分，全面地、热烈地投入，因而它也是永恒的、无历史的绝对认知。② 马斯洛曾以母亲爱恋自己的孩子为例，"她的婴儿完全不同于世界上的任何其他人，他是妙极的、完美的、令人销魂的"。对于一个对象的整体的具体知觉，包含着这种带着特殊"关怀"的看，母亲一再地凝视她的婴儿，恋人一再地凝视他所爱的人，鉴赏家一再地凝视他喜欢的画，在这种入迷的完全注意的知觉中，我们就获得了非常丰富的对客体的完整的了解。

第二，在存在认知中，体验或对象倾向于被看成是**超越各种与人的关系、可能的利益和目的的**。虽然人的认知始终是个人的产物，但存在性认知中，对象被视为"与人的利益无关的东西"，这样，就能使我们真正地去察看事物本身的性质。③ 一般的缺失性认知总是具有功利的特性，而在这里，认知主体"能按照对象自身的存在（'终极性'——endness）来看待它，而不是作为某种有用的东西"。这就是说，存在性认知可以"防止把人的目的投射到"对象上去，对象就是目的，仅仅由于它自身的内在价值而自身印证。所以，存在性认知"可能是相对超越自我的、忘我的、无我的。它可能是无目的的、非个人的、无欲求的、无自我的、无需要的、超越的"④。佛教中所说的那个"万恶的我"隐去了，存在性认知在主体与客体的关系上是"以客体为中心的"，是对客体的一种纯粹"倾注"。马斯洛曾以显微镜为例，当我们在显微镜中透过组织切片发现了事物本身的美，如肿瘤的切片，"只要我们忘记它**是癌**，那么它就可以被看成是美丽的、复杂的和令人惊异的组织"。蚊子和病毒也是如此，如果我们忘掉它们与人的关系（**它们对人的害处**），它们本来都可以是美好的东西。⑤ 多妙的奇谈怪论！

---

① ［美］马斯洛：《存在心理学探索》，67 页。
② 参见［美］马斯洛：《人性能达的境界》，67 页。
③ 参见［美］马斯洛：《人性能达的境界》，66～69 页。
④ ［美］马斯洛：《存在心理学探索》，71 页。
⑤ 参见［美］马斯洛：《存在心理学探索》，69 页。

　　第三，存在性认知是一种**可以摆脱任何文化和历史框架外部制约的绝对认知**，这几乎是某种实现了的**现象学意义**上的"内在给予性"。马斯洛指出，常识中的缺失性认知都是"嵌在历史和文化中的，也嵌在人的转变着的、相对的需要中"。它是按照特定的时间和空间组织起来的。① 现象学就是要求我们在理解一个人的观点的时候，要"进入**他的**世界观，能够以他的观点查看他的周围世界"②。而存在性认知是可能直接摆脱各种框架制约的，它能使认知对象处在"脱离背景而更多地以它们自身被感知"的状态。这是一种"还原"了的绝对认知。马斯洛常常将此比喻为儿童"天真的眼睛"，即用**第一次**看到对象的本真境界来认知对象。③ 儿童是睁大了眼睛，用毫不挑剔和纯真无邪的眼光来看待世界的，他们只是注意和观察事实是什么，对它并无争论或者要求。处于存在性认知中的人也是如此，在这里，"他并不组织它，他只是凝视它"，他可以不带任何先入为主的背景材料去真实认知对象，这是成年人进入存在认知的"第二次无邪"(second innocence)或"第二次天真"(second naivete)。④ 有时，马斯洛也将存在性认知称为"超文化"认知。⑤ 马斯洛以一只绝美的两百年前的中国花瓶为例，当我们看到它时，它"是全世界的而不是中国的"，在这个时候它是真正**新的**。艺术的新。

　　第四，存在性认知是一种**结构化整合的认知**。在存在认知中，整合(一元化、完整的、成套的)是一个重要运转机制。它表明认知主体在把握对象时更少割裂或分裂，较少自己斗争，更多地是和谐，自我体验和自我观察，更多地是一个指向的、结构协调的、更有效地组织起来的。⑥ 马斯洛说："我们在这里谈的是整合能力，是在人的内部反

① 参见[美]马斯洛：《存在心理学探索》，76 页。

② [美]马斯洛：《存在心理学探索》，12 页。

③ 参见[美]马斯洛：《存在心理学探索》，82 页。

④ 参见[美]马斯洛：《人性能达的境界》，250 页。

⑤ 参见[美]马斯洛：《人性能达的境界》，165 页；[美]马斯洛：《动机与人格》，201 页。

⑥ 参见[美]马斯洛：《人性能达的境界》，95 页。

复整合的能力，是把他在世界上正在做的一切整合起来的能力。"①在这种整合性认知中，许多二歧式、两极和冲突就被融合了，超越了，消除了。原来被视为"线性的、它的两极彼此相反和尽可能分离的连续统一体，已证明更像是圆圈和螺旋，在这里，两个极端汇合在一起，成为一个融合的统一整体"②。所有的对立面实际上是**层次整合的**（hierarchically integrated）。于是，缺失性认知中的亚里士多德的逻辑被打碎了，"A 和非 A 相互渗透，而且是一个事物"③，这是一个"整体（或格式塔）质"。存在性认知是一个辩证的总体化流转运动。就像中国古代道教的太极图，在一个动态的无界整体中，黑与白（阴与阳）你中有我，我中有你，你向我涌动，我向你合流，这就是世界真实本质的写照。马斯洛十分强调认知的整合原则，他对丰满人性的界说较多地来自这种倾向。他憎恨那种非此即彼的形而上学式的逻辑，而极善于运用"既是……也是……""不仅……还……甚至……"之类的求得特性完满，规定充分的语言修饰。如前所述，整合原则甚至成了他整个人学的总体特征。

第五，存在性认知是**真正自由的创造性认知活动**。在这里，认知主体

> 更觉得他自己在他的活动和感知中是负责的、主动的，是创造的中心。他觉得他自己更像一个原动力，更能自我决定（而不是被引起的、被决定的、失助的、依赖的、被动的、软弱的、受摆弄的）。他觉得自己是自己的老板，是完全负责的，是完全随意的，是自己命运的主人、动因，觉得比其他时候有更多的"自由意志"。④

---

① ［美］马斯洛：《存在心理学探索》，126 页。
② ［美］马斯洛：《存在心理学探索》，83 页。
③ ［美］马斯洛：《存在心理学探索》，35 页。
④ ［美］马斯洛：《存在心理学探索》，97 页。

在这里，主体的行为"'更自然'而较少控制和压抑的，似乎是自如而自由地流露出来的"①。我们充分而完善地认识了的地方，适宜的行动就自动地和反射式地随之而来了。② 这就像中国老庄的任其自然。此刻，认知主体能够以"不干预的方式、道教的方式，或以格式塔心理学描述过的灵活方式"，按照它内在的、"显露出来的"条件(而不是根据自我中心的条件)进行真正的创造性认知。马斯洛把这种创造性比喻为演奏时的即席华彩，是某种"临时的，不是什么事物引起的"，是更突然的、新奇的、非出于教导的、非习惯的、非预谋的创造。这是主体从内心不得不涌现出来的真正的创造。一个优秀的小提琴演奏家，在他自己独白式的华彩中，摆脱了曲调和格律，把一种从内心喷涌出的主体感受在琴弦上表现出来，这是一个音乐家对世界的存在性认知。

第六，存在认知是**认知对象对主体自我本质的真正占有**。人的本质是真正的"存在"，存在认知就是在主体的存在情境中透视对象的本质，从而扬弃对象的全部丰富性，达到"天人合一"。③ 在这里，"现实似乎是观察者和被观察对象的一种合金，一种相互作用的产物，一种交往"④。这种"人与世界的融合"，同时也就是对主体自我本质的真实占有。马斯洛认为，这"似乎是**一种内部和外部的、动态的平行性或同型性**。这就是说，**由于世界的本质存在被这个人感知到了，这样他也就同时更接近了他自己的存在**(他自己的完善，更完善地成为他自己)"⑤。在这种自我证实中，人"把自己的内在价值带给了自己"。这好像是一种相辅相成的关系，当主体"达到更纯粹、更个别化的他自己时，他也就更能够同世界熔合在一起，同从前的非自我熔合在一起。……也就是说，同一性、自主性、自我中心的最大成就是在有自身的同时也有超自身，一种在自我中心之上和之外的状态"⑥。马斯洛

① ［美］马斯洛：《存在心理学探索》，124 页。
② 参见［美］马斯洛：《存在心理学探索》，61 页。
③ 参见［美］马斯洛：《人性能达的境界》，255 页。
④ ［美］马斯洛：《科学心理学》，96 页。
⑤ ［美］马斯洛：《存在心理学探索》，86 页。
⑥ ［美］马斯洛：《存在心理学探索》，96 页。

极为重视这种对主客体本质的共同占有的**同一性**，并将其视为主体自我超越与客体的"溶合和同化"的内投（introjection）。① 这种内投意味着自我扩大到世界所包含的各个方面，从而自我和非自我（外部世界、他人）之间的分离就被超越。②

因此，在这种存在性认知中，人和世界同时得到了**同等**的升华：这是一种动力学相互关系，一种互为因果的关系。一个信息的意义显然不只是依赖于它的内容，而且也依赖于人格能够对它做出反应的程度和范围。更"深的"含义只有更"深的"人才能理解。他的个子越高，他能看到的也越多。③ 这也就是说，"我们是什么，我们也只能看到什么"（爱默生），或者说"欲穷千里目，更上一层楼"。

第七，存在认知是"上帝的"**终极的目的性认知**。主体处在存在认知中时，仿佛"以一种罕见的方式包含了死亡观念"，因为主体似乎终于找到了**最后的真理**，而任何尽善尽美的完成或终结在隐喻、神话或古语上就是死亡。④ 在此时，我们都会高兴**死了**，兴奋**死了**。这是一种**甜的**痛苦，幸福得"到底了"。有时，马斯洛干脆让人死去，把存在性认知称作"上帝"的认知。因为只有"上帝"能注释和包容整个存在，从而也就最终理解了它。⑤ 在这里，认知主体成了"世界万物的代理人"，最终发现了**存在的价值**。这种存在价值绝不同于那种与缺失性相关的功利的"手段价值"，它表现为：完整、完善、完成、正当、有活力、丰富性、单纯、美、善、独特性、不费力、乐趣、真实、自足等。⑥ 这种存在价值比古老的真善美三位一体的融合和统一还要多的多！

在这里，马斯洛曾经做过一个有意思的解说，他说青年人往往有一种心理防御机制，即"去圣化"（desacralizing）。通常，青年人容易怀

---

① 参见［美］马斯洛：《存在心理学探索》，105 页。

② 参见［美］马斯洛：《人的潜能和价值》，216 页。

③ 参见［美］马斯洛：《人性能达的境界》，167 页。

④ 参见［美］马斯洛：《人的潜能和价值》，216 页。

⑤ 参见［美］马斯洛：《存在心理学探索》，102 页。

⑥ 参见［美］马斯洛：《存在心理学探索》，74～76 页。

疑价值和美德的可能性，从原来的轻信滑到"看破红尘"，一切神圣的东西都被粉碎了。而在存在认知中，则意味着放弃这一防御机制学会"再圣化"（resacralization）。它的意思是，愿意再次从"永恒的方面"去看对象，看人。"像斯宾诺莎所说的那样，或在中世纪基督教的统一理解中"去认识世界，这就是说，使我们的认知获得最终的"神圣的、永恒的、象征的意义"①，**再具有**"处处见道场，步步起清风"的心境。

马斯洛向我们描述的存在认知的确是令人惊叹的，人在高峰体验（存在认知）那短暂的一瞬间，几乎实现了人异化给上帝的一切超常和最完善的认知上的**万能**。所以，达到这种存在认知的途径和形成自然也是环绕着神圣光环的。马斯洛干脆把存在认知的形式看成是一种接近东方佛学和道禅顿悟的境界，同时，它还是"最终的、乌托邦的、优美精神的、超然的。它也可以称之为是尼采哲学的"②。存在认知是认识论上的最终顿悟，也是真正的**终极真理**。马斯洛认为，这是现代认知运动的必然方向，他甚至以为这一定会成为下一个世纪心理学的注意中心。③

第四节 马斯洛存在性认知理论的启示

马斯洛对存在性认知的表述的确让我们耳目一新，为之惊叹。可是，不知为什么，马斯洛的认知图景又隐隐地让我们（中国人）萌生一种深深的如归故里的感觉。在说到高峰体验时，老子、庄子和禅宗是中国人的文化境界，存在性认知中的全心身倾注、整合式的彻悟、儿童般的天真和尽善尽美的洞见也全是**我们的**！我们不由自主地在心底叫道：马斯洛的新视界是在向东方的认知视界复归！？

果真如此吗？这不由让人想到那场至今尚未打完的文化官司。20世纪30年代，在李大钊、胡适"打倒孔家店"，鲁迅"不读中国书"的警

---

① ［美］马斯洛：《人的潜能和价值》，264页。
② ［美］马斯洛：《存在心理学探索》，103页。
③ 参见［美］马斯洛：《存在心理学探索》，103页。

言之下，五四运动惊醒了一代沉醉于传统东方文化的国人，由此，中国近代历史的车轮开始向前艰难滚动。可是，也是从那时开始，中国人自己的民族文化浸透了一种深深的没落感。一直到今天，这种文化自戕情绪始终缠绕在不少清醒志士的心头，我们想的更多的，是如何用先进的西方文化来激活中国这一曾腾跃天际的东方巨龙。然而，与此形成鲜明对照的另一幅图景却是，不少当代西方思想大家都自觉或不自觉地向东方走来，其中有作为人学家的海德格尔、怀特海、弗罗姆，也有作为科学家的玻尔、奥本海默、海森堡，还有众多的艺术家、政治家和管理学家大师。西方人似乎同时发现，西方的理性在经过一条漫长的与东方文化尖锐对立的道路之后，开始出现了一种向东方古老智慧的偏斜。对此，汤因比似乎说得更彻底一些：未来世界统一之大同的主轴不在美国、欧洲或苏联，而是东亚！

这是一个极大的反差。两种文化（认知视界）的现代逆转仿佛造成了一个无解的迷。有人说，西方人对东方文明的热情不过是洋人老阔们在酒足饭饱后对中国文化**古董式**的玩味；也有人喊着，中国人杀戮中国文化是"没了宗祖"。也许，这个问题用肚子是想不清的，还是需要理性透视。

早年的希腊人和早年的中国人在经过各自的主体图腾泛化以后，所描绘的直观总体世界图景是十分近似的。赫拉克利特的"火"、泰勒士的"水"与王充的"元气"，柏拉图的"理念"与老子的"道"，在人对外部世界的混沌直悟上大有相近之点。可是，西方人后来用实验科学戳破了那种直观的总体幕帘，而再从真实的感性对象经验统觉干起，因而获得自然和世界。而我们的先人呢，则在那种映在主体悟觉纱幕上的影像中大大地操练起来，千百年的悟性运演造就了一个混圆透熟的软性文化体（隐性文化心态圈）。① 我们的认知图景之基础是一个独特的功能性文化特质群族：首先，是偏狭的主体人伦特质。这是一种泛化于血缘关系之上，以人性的**主体自恋**为核心的人格模式。其次，是

---

① 参见张一兵：《中国现代文化研究的哲学认识透视》，载《社会科学研究》，1989(5)。

封闭的操作系统格局。中国文化的主体意识结构更多地是一种主体内耗的**运演术**,任何中国文化现象的背景都可深化为一种"周易"式的、早熟的整体操作系统,它像一个主观"黑洞",永远有效吞食(消灭)一切天上人间的对象。最后,是抽象直觉的悟性境界。中国文化精神触角始终是一种**从主体发出的内投体验**,知情意归一于主体的悟性。中国人的认知活动是一种**构境**过程。在这一点上,中国文化达到了人类精神境界的最高点,可是,这却是在主体的内投中完成的。这就是一个悲剧。因为,我们一直旋转于一个抽象的极点(封闭终点)文化中。

这还是一个不那么准确的比喻。就像黑格尔对人类理性历程的提炼,开始是绝对观念,抽象的起点逻辑地包容了一切;然后是真实的感性对象化,这却是理性本身的实现;最后当认知主体回到起点时,它是带着全部世界复归到绝对观念的。中国人把第一阶段上的理性绝对性全部煮熟了,但始终没能跨出第二步,而西方人已经走到了第三步,因而再回到起点上。人类的文化认知总体是一个整体,西方人不是在走向东方,而是在更高的发展阶段上**看起来仿佛是在向起点回复**。这是马斯洛认识论的深刻意义。同样重要的是,中国文化作为**极点文化**是不可超越的,它不需要毁灭,也不可能被毁灭,它实在需要通过感性的实践获得新的有序结构。因为它在抽象的形式中已经达到了文化认知的最高境界,虽然这是一种空洞的无的顶点("绝对观念")。如果能有一个新的现实基础,一个新的社会实践功能度,我们也许用不着经过像海德格尔、马斯洛那样无限曲折的道路,达到人类总体认知的最终的具体的完满和实现。

马斯洛的认知理论应该是让中国人向上的。

马斯洛存在认知理论的这种高点建构,的确使他摆脱了传统西方理论的那种狭隘的实证框架。可重要的是,这种"玄学之境"又通过实证的心理学运演落在科学认识论的基础之上。在他的表述中,不仅东西方认知视界在融合,人学的逻辑与科学的思路也在接近,这的确是一种认识论上的新的接合点。对此,我们也是有所领悟的。

最后,是马斯洛在理论建构中显示出的巨大包容性。在他那症候群式的表征中,几乎当代一切认知心理学、哲学、科学认识论的成果统统被包容进他的框架：心理学中的格式塔理论（完形心理闭合）、注意理论、整合理论，哲学中存在主义的主体体验说、波兰尼的意会理论（接合意义的建构与解构）、现象学的非框架还原论、解释学和接受理论的整体结构制约论……马斯洛魔术师般地用各种新的认知理论构件，令人惊异地建构了一个庞大的认识论体系，这是一个认识论思想史上未曾出现过的突现物。马斯洛的确有他杰出的一面。

我们不难看到，马斯洛在他的存在认知理论中仍然坚持了科学人本主义的整合原则：一方面，存在性认知较好地集成了传统人学在认识论方面对主体与客体同一、主体自我结构的确证解析等宏观认知环节的精萃之点，并从这个基点上几乎走到了与上帝并列的台阶上；另一方面，存在性认知又将实证科学的微观认知运转机制和方法结构扬弃在自身的内部，这也是一次较成功的尝试。

可是，坦率地说，我们也看到马斯洛在方法逻辑上的某种不严整性，因为东西方的交融、人学与科学的接合、不同逻辑的合一在实际的操作中还时常存在着明显的**混合**状况。特别是在理论表述上还缺乏清晰的透明性和严格的界定。这是令人遗憾的。

第四章　自我实现与真正完善的人

> 在人的自我实现中，他更真实地成了他自己，更完善地实现了他的潜能，更接近他的存在状态，成了真正完善的人。人成为目的本身，成为"神"，成为一个本质，一种存在。
>
> ——马斯洛

马斯洛的人本学是凡夫俗子的福音书。人们在高峰体验中才能通过一种真正的存在认知通达人的本体状态。但是，对大多数人来讲，存在性认知并不能永远伴随我们的生活。因为"高峰体验是那么迅速地结束"，所以人的本体存在仍然是现实的彼岸世界。这是令人沮丧的。最重要的是，人并不仅仅需要一种**像人**一样的短暂体验，人要成为现实的"人"，要在生命中占有人的本体存在。对此，马斯洛指出："人本主义心理学**不是**纯描述性的或纯学术性的；它还提出行动建议并意味着能达到某些结果。它帮助人形成生活方式，这不仅仅是人自身内部隐秘的精神生活方式，而且也是他作为社会存在、社会一员的生活方式。"①通过什么呢？这就是**自我实现的人**。如果说存在性认知沟通了真正的人的新的认知图景，那么自我实现的人则展现了人类向前走的方向。这也是马斯洛人本学历史观的人的**可视远景**。

第一节　新的历史动意和"后马克思倾向"

我们已经知道，马斯洛把自我实现看作人的本质存在，而这种本

---

① ［美］马斯洛：《存在心理学探索》，5～6页（前言）。

质存在其实是在超越了低级物质需要的直接缺失性动机之后所达到的人的主体性高级自我意境。这是马斯洛所谓新的人的"价值体系"和社会历史观中的一个重要质点。马斯洛认为，他的人学理论之根据正是当代社会生活发展所体现出来的新的历史动意。

在马斯洛看来，原来的关于人的社会历史理论中，"人性曾被低估，人有一种高级本性，它和人的低级本性一样也是'似本能的'"，这就是作为人的本体存在的自我实现。所以，原来那种科学和"经典的经济学理论"以及全部建立在一种不适当的人类动机基础上的理论（包括马克思主义），都"不过是一种虚假的人类需要和价值理论的精巧技术运用，这种理论仅仅承认低级需要或物质需要的存在"。① 这一切都必须"**完全革命化**"！在他看来，"仅仅以金钱作为'报酬'这样一个框架显然已经过时了"，当代的人已开始受"高级报酬"的激励了（即马斯洛的高层次需要——自我实现）。② 马斯洛说，传统的那种社会历史观是十分"令人失望的"。因为它仅仅告诉人们，人的"最真的动机"就是追求物质利益，金钱是整个人性结构旋转的润滑剂。这其实仅仅是典型的19 世纪以前西方社会生活的写照。在物质匮乏的社会中，社会生活总是从整体上把最低限度的物质生活条件视为人的最高需要和欲求目的。人们杀死上帝正是为了从禁欲的中世纪中走出来，通过世俗的努力先去填饱自己一直饿着的肚子。所以，在那时的社会历史观中，"人的内在的高级动机"自然是被否认了（同宗教神学一并葬入了坟墓），一切关于人性的说明几乎都变成了"实利主义的"。他说，就连最激进的马克思主义，也是一种强调经济生活决定一切的理论。

马斯洛认为，这种传统的社会历史观和科学观没有向人们提供什么真正有益的东西，反而通过那种过于实用的物质利益动机论把人引向可悲的"沮丧或犬儒主义"。他曾列举在这种观念支配下形成的各种**工具性**态度：

---

① 参见［美］马斯洛：《人性能达的境界》，12 页。
② 参见［美］马斯洛：《人性能达的境界》，316 页。

爱情——"那是一般人都要做的事情"。运动——"有助于消化"。教育——"提高工资"。歌唱——"有利于胸腔发展"，癖好——"松弛可促进睡眠"。好天气——"……于事务有利"。阅读——"我的确必须与外界保持联系"。感情——"你要使孩子得神经病吗"？仁慈——"行善……"。科学——"国家防御"。艺术——"……无疑改进了美国的广告业"。友善——"否则他们会偷钱"。①

马斯洛认定，这种对待社会的低等态度显然已过时了，这是因为社会生活已迎来了一个新的时期。

马斯洛认为，在今天的所谓"丰裕社会"中，物质生活条件已经不再是人们需要追求的最重要的目的了。起码可以这样说，现在已经**有人**可以轻易得到他所要获得的东西。在此需要指出的关键问题是，为什么今天的人们"得到一切物质的和动物的满足而又**并不快乐**"②！为什么?! 马斯洛分析道，这是因为物质需要的满足毕竟不能真正实现人性的最高境界，人性的最高境界（或人的"最深层的本性"）只能是**人的价值生活或精神生活**，即人的真正的自我实现状态。当然，这不再是那种中世纪的抽象价值生活，而是一种经过**把物质生活扬弃在自身内部后的新的真实价值生活**（这是一个否定之否定!）。所以，人们这种高级的本质是建立在"低级"的物质生活基础之上的，它的"先决条件是健康的'低级'的动物性"的实现。③ 在马斯洛看来，只有人的真实价值生活才是人的本质的最高层本性。"它是人性的一个规定性特征，没有它，人性便不成其为充分的人性。它是真实自我的一部分，是一个人的自我同一性、内部核心、人的种族性的一部分，是丰满人性的一部分。"④瞧，人性要从地上飞起来了。

现在，我们再回过头去品味上文已经引用过的马斯洛的这样一段

① ［美］马斯洛：《动机与人格》，160页注①。
② ［美］马斯洛：《人性能达的境界》，316页。
③ 参见［美］马斯洛：《人性能达的境界》，322页。
④ ［美］马斯洛：《人性能达的境界》，320页。

话的意义：现在人们"对上帝死了有所反应，或许对马克思也死了这个事实也有所反应"。因为今天的"政治的民主和经济的繁荣在他们身上并没有解决任何基本的价值问题"①！这也就是说，社会生活已经在向我们表明，社会的进步和人性的完善不再仅仅是追求物质利益，而是在寻找物质生活丰足之上的人的心灵和精神状态的完美。马斯洛正是在这个意义上，将今天的现实生活态势称为充满了"后马克思的"可能性。②

在这里，马斯洛又依照自己的科学人本主义思路提出了一条理解人和社会生活的整合逻辑框架。马斯洛首先指出，传统历史观中的两大倾向都存在着不足，他以黑格尔的"精神"——唯心主义突显了人的精神生活和马克思的"自然"——唯物主义则强调人的物质生活，却都丢掉了人的内在价值生活。这两者都是有缺陷的。其实，人性的合理结构恰恰是整合的，人的物质生活、精神生活和价值生活都是人的内在本性的组成部分，**它们不过是在不同的领域中（缺失性领域和存在领域）各占优势罢了。**

比如，人的低级需要（动物的、自然的、物质的）在十分具体的、实证的、操作的、有限度的意义上要比我们所说的高级的基本需要（安全、爱、尊重等）占优势，而后者又比超越性需要（精神、理想和价值）占优势。人首先要吃饱，才可能去爱，去追求某种崇高的理想。对于饥肠辘辘的人来讲，面包总是优先的。这也就是说，在缺失性领域中，生活的物的条件有充分理由优于高级理想，优于意识形态、哲学、宗教和文化等精神生活。这也意味着，在**一定意义上**，"唯物主义比唯心主义占优势"。但是，决不能把人的那些高级理想和价值仅仅理解为低级需要的"副现象"，而就此认为"自私就是一切人性的基础"，"物质利益就是唯一的人类动机"。人的价值生活与物质生活在人性结构中都是"同等真实的"，价值生活在人们超越了缺失性领域的存在王国中又明

---

① ［美］马斯洛：《存在心理学探索》，9页。

② 马斯洛对马克思主义历史观的误解源于第二国际的经济决定论。关于这一问题的评说，请参见本书第六章。

显地占据优势。因为，让一个已经饭饱衣丰的人再去仅仅追求低层次的物质条件是不行的，他总会试图追求物质生活以外的东西。所以说穿了，唯物主义和唯心主义"对于不同的理解目的，两者都是有价值的理论"，因此"我们无须论证'精神比物质优越'，或者反过来论证"①。人们更应该考虑，"'唯心主义'如何与实际性相联系？'唯物主义'如何与实在论相联系"②。所以马斯洛说："黑格尔的'精神'和马克思的'自然'实际上是处在同一的连续系统中而有层次地整合起来的。"③他还认为，假如俄国人今天为唯心主义和精神哲学的**升起**而烦恼，那是没有必要的。因为就我们关于个人内部和社会内部的发展所知的事实而论，一定量的精神性是完善唯物主义非常可能的结果。同样，宗教神学家要培养精神价值，最好从人的衣、食、住、行入手，那要比布道更不可缺少。④ 在马斯洛看来，我们观察社会生活和人的生活情境的时候，应该从一种整合的视界出发，即把人的物质生活和价值生活放在同一个连续系统上去评估。其次，社会生活发展到今天，已经开始把人们曾经一度忽视的真正价值生活推上了历史活动的前台。这也是他提出人可能达到人性的最高境界——**自我实现**的当代现实生活的背景，以及突现出来的历史观**整合逻辑起点**。

第二节　人性能达到的最高境界：自我实现

同样应该首先说明的是，马斯洛关于自我实现的人的研究也不是一种主观的浪漫主义玄想，而是从心理学临床调查开始的。起先，马斯洛曾在三千多名大学生中进行调查，结果只有一个人入选"精英"。这迫使他不得不把研究对象围在"**老的**"优秀人物身上，这些人物包括一些历史上和当代的著名思想家、科学家和政治领袖。以后这个范围

---

① ［美］马斯洛：《人性能达的境界》，321 页。
② ［美］马斯洛：《人性能达的境界》，323 页。
③ ［美］马斯洛：《人性能达的境界》，323 页。
④ 参见［美］马斯洛：《人性能达的境界》，324 页。

又有所扩大。正是在这些**已经存在(或已经存在过了)**的人身上，马斯洛才在可操作的实验材料中，以组合特征族的形式来勾画他那自我实现的人。① 从直接的意义上看，马斯洛提出自我实现的人是针对弗洛伊德的不健康的人的。马斯洛认为，要回答什么是人的时候，当然不能以现实中不健康的人作为范本，而应该去寻找现实中最优秀的分子。比如，要想知道人的智商有多高，决不能以一个弱智儿童作为标准，而应该以最优秀的科学家、艺术大师的智力水准去评估。优秀的人就是在各个方面充分实现人性的人，使人的潜能得到最大限度发挥的人，这就是自我实现的人。当然，马斯洛推崇这些健康的优秀分子，并不仅仅因为他们在某一方面具有特殊的天资，而主要因为他们达到了哲学意义上的人的真正本体存在，**即把自我实现作为主导需要的真正的人**。我们看到，马斯洛正是通过自我实现的人向我们描绘他的理想中的人的形象的。

关于自我实现，马斯洛有许许多多的说明。从总体上，他认为可以将"自我实现定义为不断实现潜能、智能和天资，定义为完成天职或称之为天数、命运或禀性，定义为更充分的认识，承认个人的内在天性，定义为在个人内部不断趋向统一、整合或协同动作的过程"②。在人的自我实现中，"他更真正地成了他自己，更完善地实现了他的潜能，更接近他的存在核心，成了更完善的人"③。他的全部潜能都得到了充分的发展，他的内在本性自由地表现自己而没有被歪曲、压抑或被否定。在这里，"人成为目的本身，成为'神'，成为一种完美，一种本质，一种存在"④。如果具体点表征，可以再有下列一些规定性：

---

① 关于自我实现的心理学研究情况，请参见《动机与人格》，174～180 页。

② [美]马斯洛：《存在心理学探索》，21 页。

③ [美]马斯洛：《存在心理学探索》，88 页。马斯洛说，这种自我实现的倾向曾经由亚里士多德、柏格森和许多哲学家和心理学家假定过。

④ Abraham H. Maslow, "Some Basic Propositions of a Growth and Self-actualization Psychology", in A. Combs(ed.), *Perceiving, Behaving, Becoming: A New Focus for Education*. 1962 Yearbook of Association for Supervision and Curriculum Development. Washington, D. C. 1962, p. 37.

　　第一，**自我实现是在人的各种需要得到充分满足之后才可能出现的高级需求**，这是人的真正的存在状态。他将超越缺陷和需要，他将处于一种"存在的状态而不是处于追求的状态……(他将成为一个)'可靠的'人，一个十足的人"。一般的人只有在六七十岁时才仿佛接近了这个状态，所以，自我实现往往被"看成是最终的或最后的事态，是遥远的目标，而不是被看成能动的、贯穿一生的动力过程；倾向于被看成存在(Being)而不是形成(Becoming)"①。但是，在现实中也有一些"不断发展的小部分人"(即前面已经提及的现实中存在的精英分子)，踏进了人的本体存在状态，充分实现了人性，现实地成为真正的人。这就形成一个鲜明的对比，"自我实现的人们一般都喜爱生活，实际上喜爱生活的各个方面，而大多数的其他人则只喜爱一生中偶然遇到的胜利、成功、高潮、高峰体验等的一些瞬间"②。处于"存在领域"中的自我实现的人，是完善的真正的人性的实现；而停留在匮乏的"实践领域"中的一般的人，就是人性的碎片了，他们只能在高峰体验中才能把头探进人的存在本体中。

　　当然，马斯洛也承认，就是在少数能够达到自我实现的人那里，也不可能一直处于存在本体的境界中，因为他的双脚毕竟站在现实的土地之上。但是，他们的确**靠着**存在价值**活着**，这是他们与一般人的本质区别。对此，马斯洛说：自我实现的人(以及在高峰体验中的**一切人**)偶尔生活于时代和世界之外(即时间与空间之外)，即使通常他们必须在外部客观世界中生活，但他们都依靠着自身内部的存在价值，"生活于内部心灵世界之中(这个世界由心灵规律支配，而不是由外部现实规律支配)，即生活于体验、情绪、需要、畏惧、希望、爱、诗意、美、幻想的世界中"③。这是自我实现的人生存的真正支点。关键在于，仅仅用肚子活着还是用脑袋活着！

　　第二，自我实现的人是**自由的**，支配他们的因素是自身内部的主

---

①　[美]马斯洛：《存在心理学探索》，22页。

②　[美]马斯洛：《存在心理学探索》，27页。

③　[美]马斯洛：《存在心理学探索》，192页。

体自我选择。这就是说，自我实现即意味着我是我自己心身的主人，我支配着我自己。① 自我实现就是超越外部决定。一般的人总是处于缺失性基本需要之中，总是被外部环境决定的（行为主义的解释），所以，一般的人必定畏惧环境。人是因变量，而环境是自变量。人是"他向的"，这就"意味着自由的丧失"。自我实现的人超越了对外部环境的依赖性和受动性，现在支配他们的是"内部因素"，是"他们自己内在本性的法则，是他们的潜能和自然倾向，是他们的天资，是他们的潜在资源，是他们的创造冲动，是他们认识自己并使自己变得越来越整合、越来越一致的需要，以及是越来越了解自己的实际、自己的召唤、天职和命运的需要"②。因此，他们此时的发展是从内部而不是从外部进行的。"最高级的动机就是达到非动机，即纯粹的表现性行为。换言之，自我实现的动机是成长性促动，而不是匮乏性促动。"③显然，自我实现的人不是那种"刺激-反应的人"，他们的活动源于内部超过源于反应。他们能够自觉地意识到那种来自"阈下的条件作用，权威暗示、宣传、虚假广告的操纵"，从而进行真正的自由选择。自我实现的人并不喜欢被控制，他们宁愿感到自由并成为自由的。④ 他们自我决定，自我管理，作一名积极、负责、有主见的行动者，而不是一个为他人所左右的兵卒。他们是自己的主人，对自己的命运负责。

以跳舞为例吧。自我实现的人能够摆脱音乐和节律的外在摆布，自然、流畅、自动地合着音乐的拍子，应和着舞伴无意识的愿望，就像在岸边任浪花拍打自己的身体，就像任人细心温柔地照料自己，让自己承受着爱的抚慰。这是一种自发性的热切的纵情，是道家（Tao-ist）风格的自然、无意、不挑剔以及被动，努力去不做任何努力。在这时，跳舞的人"必须为此**学会**抛弃禁锢、自我意识、文化适应和尊严（你一旦摒弃一切欲念，对外表不以为念，那你就会在不知不觉之中逍

① 参见［美］马斯洛：《人性能达的境界》，53 页。
② ［美］马斯洛：《存在心理学探索》，30 页。
③ ［美］马斯洛：《动机与人格》，155 页。
④ 参见［美］马斯洛：《动机与人格》，189 页。

遥飘游——老子)"①。自我实现的人在他自己想进行表现时能自由表现，使自己无拘无束，同样，他也能控制自己的能力。"他必须既有能力表现出酒神的狂欢，也有能力表现出日神的庄重；既能耐得住斯多葛式的禁欲，又能沉溺于伊壁鸠鲁式的享乐；既能表现，又能应对；既能克制，又能放任；既能自我暴露，又能自我隐瞒；既能寻欢作乐，又能放弃欢乐；既能考虑现在，也能考虑未来。"②

第三，自我实现的人**是真正超越了狭隘自我的人**。与一般的人总是注意个人、以自我为中心的状态不同，自我实现的人"最容易忘记自我或超越自我，他可能是最以问题为中心的，最忘掉自我的，在其活动中最自动的人"③。自我实现的人"意味着负起责任"，"敢于与众不同，不随波逐流，不人云亦云，不循规蹈矩"。④ 正因为如此，自我实现的人都表现为自我献身的人，几乎"每一个自我实现的人都献身于某一事业、号召、使命和他们所热爱的工作，也就是奋不顾身"⑤。用宗教的语言说就是尽天职和天命。因为在他们身上，"内在的需求与外在的要求契合一致，'我意欲'也就是'我必须'"⑥。工作与欢乐的分歧消失不见了，自我实现的人都以某种方式献身于追求存在价值，工作与真正的人生享乐同一了。

贝多芬、莫扎特对音乐，是生命与事业的同一，他们的灵魂只能通过颤动的音符喷涌出来。他们的小我与人是相通的，他们的价值即人的价值。无数思想大师、科学大师和艺术大师都以他们杰出的一生向人类精神的祭台献上了最瑰丽的珍宝，他们的自我实现也是人的实现的一部分。

第四，自我实现的人**在所热爱的工作中获得自我本质确证**。在一

---

① ［美］马斯洛：《动机与人格》，154～155 页。

② ［美］马斯洛：《动机与人格》，158 页。

③ ［美］马斯洛：《存在心理学探索》，32 页。

④ ［美］马斯洛：《洞察未来：马斯洛未发表的文章》，20 页。——笔者修订版

⑤ ［美］马斯洛：《人的潜能和价值》，210 页。

⑥ ［美］马斯洛：《人的潜能和价值》，211～222 页。

般人那里，缺失性需要使他们的工作总是处在一种"谋生手段"的境地，他们不得不"以工作来获取低级层次需要的满足……工作被作为达到目的的工具"。而"在自我实现的主体那里，他们所倾爱的工作逐渐取得了自我的特征，与自我同一，溶合起来，成为一体。成为一个人的存在的不可分割的一部分"①。在这里，原先一般人的"手段的活动（means activity）转变为目的体验（end-experience）"②。自我实现的人所献身的事业似乎可以解释为内在价值的体现和化身，而不是指达到工作本身之外的目的的一种手段。用弗罗姆的话来讲，这种意向类似于马克思对未来社会中理想化劳动的描述，即劳动不再是谋生的手段，而是人的生存的第一需要。人在自由的劳动创造中，才可能占有自己，实现自由的全部生命。

　　马斯洛把那种由缺失性需要引起的行为称之为对应性行为。对应性行为总是工具性的，总是达到一个明确目的的手段，在西方社会中，那种基于犹太-基督教之上的（美国是清教和实用主义）的态度，强调工作、斗争、奋斗、严肃、认真，尤其是目的明确。人的生活都是工具性的，人为了外在于自己的东西而生存着，人本身成了手段。这是一种可悲的倒置。③ 而真正自我实现的人则在自己的事业中直接获得价值实现，在这里，创作对象就是他生命的外化和体现。因此，对象与我也同一了：创造者与他正在创造的东西变成一个东西了。

　　第五，自我实现的人是**人的创造性的最终实现**。自我实现的创造性不是像一般人那样"强调其解决问题或制造产品的性质"，而在于创造性本身就是"表现和存在"。可以说，"自我实现的创造性首先是人格，而不是成就"。成就不过是人格实现的副产品。所以，自我实现的创造性就不是去制造出某种东西，而是能够充分地"表现自身"的真实存在。这样，自我实现的创造性就像"阳光普照"一样，散发和放射到

----

① ［美］马斯洛：《人的潜能和价值》，215 页。

② ［美］马斯洛：《存在心理学探索》，27 页。

③ 对这种生活态度的抨击，往往让人想起弗罗姆关于当代社会人的异化状态的批判。参见［美］弗罗姆：《为自己的人》，78～89 页。

整个人的生活中去,这是一种内投,人将自我的真正存在价值"扩展到世界所包含的各个方面,从而,自我与非自我(外部世界、他人)之间的分离就被超越"①。

人在自我实现中创造了人自身,也创造了人的世界。与那种作为谋生手段的人类活动相比,自我实现主要不是欲求某种对象,而是让人性的华美体现在世界上的主体创造中。自然,是人的自然;社会,是人的社会;世界,也将是人的世界。人的自我实现也是世界本身的实现。

第三节　自我实现的人及其实现途径

很显然,马斯洛通过自我实现的人向我们勾画了一幅人的理想图景。这是一个完人,他几乎具有了人所应该具有的一切最完美的能力和完满的生存境遇。人,简直的确有点"如同上帝"一般了。当然,马斯洛对自我实现的人的描述是对现实**已存在**的各种精英分子的优点和最佳生存状态进行"优选",然后再进行逻辑上的拼合,才造就了这样子一个立足于现实又超于现实的完人。

除去对自我实现的人的上述本质规定之外,马斯洛对自我实现的人还有一些**感性的经验式**的症候群描述:

> 自我实现者的动机和满足,通过他们的工作和其他途径得到的(在基本需要满足以外)。
>
> 由于带来公正而感到高兴。
>
> 由于制止了残酷和压榨而感到高兴。
>
> 和谎言与虚伪进行斗争。
>
> 他们希望善有善报。
>
> 他们似乎喜欢愉快的结局,美满的完成。
>
> 他们憎恨罪恶的得逞,也憎恨在罪恶面前退避三舍的人。

---

① ［美］马斯洛:《人的潜能和价值》,216 页。

他们是善于惩恶的人。

他们力图矫正事态，净化不良情境。

他们以做好事为乐。

他们赞美守信、才华、美德，等等。

他们避免招摇、名望、荣耀、受爱戴、受祝贺，或至少是不追求名誉。不论怎么说，名誉似乎都没有什么了不起。

他们不需要人人都说好。

他们总是选择自己数量有限的目标；不是对广告、对运动或对他人的督促做出反应。

他们更喜欢和平、安宁、文静、适意，等等，而不喜欢躁动、格斗、战争，等等。（他们不是各条战线上的一般战士），但在"战争"中能过得快活。

他们似乎也很精明、现实，不常有不实际的时候。

他们喜欢有效率，厌恶没有效率，拖拖拉拉。

他们的战斗不是起因于敌意、妄想狂、自大狂、权力欲、反叛等，而是为了正义。那是以问题为中心的。

他们设法以某种方式做到既热爱现实世界同时又力求改善它。

无论如何都有希望能改善人、自然和社会。

无论如何他们似乎都能很现实地既看到善又看到恶。

他们在一项工作中能迎接挑战。

有机会改善环境或改善操作是一种巨大的奖赏。他们能从改善事物中得到乐趣。

观察总是表明他们对他们的孩子非常喜欢，能在帮助孩子成人成才中得到很大乐趣。

他们不需要或不寻求或甚至非常不喜欢奉承、称赞、出名、地位、威望、金钱、荣耀，等等。

感激的表示，或至少意识到自己的幸运，是常事。

他们有一种行为理应高尚的意识。那是优越者的责任感，就像见多识广的人有耐心、能宽容，如对待孩子的态度。

他们会被神秘的、未解决的问题、未知的、困难的问题所吸引，而不是在这些问题面前畏缩不前。

他们能把规律和秩序引入杂乱无章的情境或肮脏不洁的情境，并因而深感满足。

他们憎恨（并与之斗争）腐败、残暴、恶意、不诚实、浮夸、假冒和伪造。

他们力求使自己从幻觉中解放出来，勇敢地正视事实，去掉障眼物。

他们为人才浪费而深感惋惜。

他们不做卑鄙的事，他人做卑鄙的事时他们会发怒。

他们往往认为，每一个人都应该有机会发展他的最高潜能，应该有公平的机遇，同等的机会。

他们极愿把事情做好，"工作做得出色"，"把需要做的事情做好"。这许多说法加在一起等于"创造好的作品"。

当老板的一个有利条件是有权使用公司的钱财，有权选择扶助某些事业。他们喜欢在他们认为重要的、美好的、有价值的事业上花自己的钱。以行善为乐。

他们喜欢看到并帮助他人自我实现，特别是青年人的自我实现。

他们喜欢看到幸福，并促进幸福。

他们由于认识可钦敬的人（勇敢的、诚实的、有效率的、直爽的、宽宏的、有创造力的、圣洁的，等等）而得到很大快乐。"我的工作使我接触了许多杰出的人。"

他们勇于承担责任（他们能克尽自己的责任），当然也不惧怕或回避他们的职责。他们响应职责的呼唤。

他们一致认为他们的工作是有价值的，重要的，甚至是基本的。

他们崇尚较高的效率，使一项作业更麻利，更紧凑，更简单，更迅速，更少花费，能做出更好的产品，用较少的办法去做，程序简单，不那么笨拙，不那么费力，有安全防护，更"文雅"，不那么艰苦。①

　　是的，自我实现的可视远景的确让人神往。可是，我们这些凡夫
俗子能不能进入这种境界？如果能，究竟需要通过什么途径才能使自
己（小我）趋向自我实现呢？马斯洛的回答是令人乐观的，他告诉我们，
一般的人除去必要的外在条件（基本生存需要的满足），从主体来说，
可以通过以下一些努力去接近自我实现：

　　第一，"自我实现意味着充分地、活跃地、无我地体验生活，全神
贯注，忘怀一切"②。这就是说，我们必须在生活中摆脱青春期萌生的
那种盲目的自我中心主义，消除那种太多的自我感觉良好，在生活中
达到"无我"，或者尽可能从"小我"走向"大我"。实际上，这也是要求
人们能在生活中"忘记他们的伪装、拘谨和畏缩"，彻底地献身。

　　第二，"让我们把生活设想为一系列选择过程，一次接着一次的选
择"③。就像萨特所说的，人不过是他一系列自由选择行为的总和。不
过，马斯洛进而把这些选择区分为前进和后退，而人如果能做出"成长
的选择而不是畏缩，就是趋向自我实现的运动"。人每天做出多少次这
样的选择，也就有多少次趋向自我实现，自我实现就是这样一个连续
不断的努力过程。

　　第三，自我实现的意思是设想有一个自我要被实现出来。④　人不
是一块白板，也不是一堆泥或代用粘土，人是某种已经活生生**存在的
东西**。我们应该明白，在人生的历程中，每一个人都应时时"倾听内在
冲动的召唤"，而我们大多数人在大多数时候（这特别适用于儿童和青
年），不是倾听我们自己的呼声，而是倾听爸爸妈妈的教训，或老师、
权威、传统的声音。假如要达到自我实现，就必须真正让自我显现出
来。比如，我们品尝一杯酒的味道，首先不要看酒瓶上的商标（"茅台"

① ［美］马斯洛：《人性能达的境界》，301～303 页。
② ［美］马斯洛：《人性能达的境界》，52 页。
③ ［美］马斯洛：《人性能达的境界》，52 页。
④ 参见［美］马斯洛：《人性能达的境界》，53 页。

或"五粮液"),不要想从商标上得到任何暗示,只需要闭上眼睛,面向自身内部,避开外界的嘈杂干扰,用自己的舌头品酒味,使酒面对自己身内的"最高法庭"。这时,我们才可能真正说出"我喜欢它",或"我不喜欢它"。

第四,趋向自我实现,就是要在"有怀疑时,要诚实地说出来而不要隐瞒",克服"约拿情绪"(Jonah complex)[1]。在生活中不要逃避、犹豫不决,不要过分谦逊和自我贬低,不要做戏,不要装模作样,而应时时反躬自问,这就意味着对生活承担责任,这本身就是向自我实现迈进的一大步。于是,人就能懂得他的命运是什么,他们人生的使命是什么。从而真实地去做人,发掘自己的潜能,成为自我实现的人。[2]

第五,"自我实现不只是一种结局状态,而且是在任何时刻在任何程度上实现个人潜能的过程"[3]。趋向自我实现就是要运用你自己的聪明才智,当然这并不是说要坐等一些遥远而不可企及的事,而是说要实现一个人的可能性往往需要经历勤奋的、付出精力的准备阶段。自我实现正存在于你的不懈努力和奋斗之中。所以马斯洛说:"自我实现在一生中是**自始至终**进行着的。"[4]

第六,"高峰体验是自我实现的短暂时刻"[5]。同时,这也是你的真实自我被瞬间映射出来的时刻。如果我们能体味这美好瞬间中的自我情境,就会发现那个真正属于我们自己的人性世界,如果我们能用高峰体验中的那种人性最高境界去努力度过人生中的每一时刻,人生就将是美好的,那个本来应该属于我们自己的真我就能实现出来。

---

① 据《圣经》中记载,上帝让约拿去尼尼微城传话,可约拿却没有勇气接受这一使命,但最终无法逃避,听了众神的召唤,完成了自己的使命。历史学家弗兰克·曼纽尔以此说明人对自己能力和潜能的回避、遮掩等心理阻碍现象。

② 参见[美]马斯洛:《洞察未来:马斯洛未发表的文章》,41~42页。——笔者修订版

③ [美]马斯洛:《人性能达的境界》,55页。

④ [美]马斯洛:《存在心理学探索》,22页。

⑤ [美]马斯洛:《人性能达的境界》,55页。

　　从上述情况可以看出，马斯洛并不把自我实现视为一种超于现实生活的某种伟大的时刻。当然，这并不是说，在星期四下午四时，当号角吹响的时候，你永远地、完完全全地步入"万神殿了"。自我实现是一个程度问题，是人在一生中许多次向着人性理想的微小进展，是通过一点一滴积累起来的。自我实现者不过是从这样一些小路上走过来的："他们倾听自己的声音；他们承担责任；他们是忠诚的；而且，他们工作勤奋。他们深知他们是何许人，他们是什么，这不仅是依据他们一生的使命说的，而且也是依据他们日常的经验说的。"①人人都可以达到自我实现，不过是多一点少一点罢了。人能够在瞬间感到永恒；人能够在某一点上达到人性的最高境界。马斯洛是能令人充分乐观的人本主义者。

第四节　马斯洛与马克思的"大写的人"

　　在马斯洛的全部人学理论中，传统人本主义色彩最多的就是关于人的自我实现的表述了。从上述几个方面对人的自我实现之形象的描绘看，虽然马斯洛在此仍然坚持着科学人本主义的人学实证化、现实化和总体化的原则，但他并没有向我们提供太多新的有价值的东西。传统人本主义对人的理想状态的基本把握，如主体的自决性、自由创造性、自主选择性以及主体的自我确证等规定，仍然是马斯洛自我实现人的基本点。他无非在向人们展示人的理想生存状态的一些逻辑倾向时，表述得更系统、更具体一些罢了。

　　特别需要指出的，是马斯洛自我实现的人与马克思对未来社会人类生存状态理想描述的关系。我们都知道，马克思对未来社会人类生存状态有过十分明确的说明。马克思认为，整个资本主义社会以往的人类历史发展仅仅是人类社会运动的史前时期，由于物质生产力水平的低下，由于剥削制度的存在，人类社会历史的发展一直处于一种以牺牲自我为代价的进程之中。在早期，当商品经济尚未发生、物质生

———————

　　①　［美］马斯洛：《人性能达的境界》，58 页。

产力尚未充分发达的时候,人更多地是依存于自然,以"人的依赖性"为社会关系的基点。而在人类通过实践创化出一个巨大的人的经济系统之后,人却丧失了主体的地位,整个社会开始"以物的依赖性"作为社会的基本结构,人创造出来的财富变成支配人的力量,人被"异化"了。马克思认为,这一切都是由于物质生产力本身的不发达造成的。在马克思的成熟著作中,他不像早期那样,仅仅是从伦理批判的角度去说明现存制度的不合理("反人的"特征),而是首先从经济的历史过程上说明其合理性和必然性,同时,再从社会历史本身向前走的视角中,进一步说明人类现存资本主义生活状态的不合理性,由现实生活中已经出现的物质条件中的可能性引出人类未来社会生存状态的理想来。这也就是"共产主义社会",从人本身的角度来说,就是所谓"大写的人"——全面自由发展的人。在这种人的生存状态下,人才开始了自己真正的历史发展。① 在这一点上,马斯洛对马克思的误解是显而易见的。

马克思的这个"人学"逻辑也成为当代一些人学家的重要理论依据,如弗罗姆、马尔库塞、列斐伏尔、萨特等人。他们依据马克思关于人类生存状态的理想描述,抨击现存人类生活状况的不合理性。他们运用传统人学的异化逻辑,实现了人类理想本质与现存状态的矛盾。在这一点上,他们离马克思的早期人本主义思想(特别是《1844 年经济学哲学手稿》)而不是成熟时期的马克思更近一些。

在马斯洛人的自我实现的理论中,我们也看到了马克思的影响。除去对马克思主义那种唯经济论的偏狭理解之外,似乎他离马克思的人学逻辑更近一些。第一,马斯洛的人学逻辑是从现存人类生活(缺失性领域,很接近马克思所说的必然王国)的合理性入手的,而人的理想状态(存在王国,很接近马克思所说的自由王国)正是从前者中生长出来的新的合理性,两者不是相互排斥的,而是整合的。第二,马斯洛的人学推论不是抽象的逻辑运演,而是紧紧抓住人类生存中的现实可

① 参见张一兵:《人类社会历史发展永远是一个自然历史过程吗?》,载《天府新论》,1988(1)。

能性，因此，他没有把人学的逻辑努力像弗罗姆等人一样，集中在否证性地批判现存人类生存状态的"异化人"上，而是放在现实已经存在的人中能生活得更好的健康人身上。第三，马斯洛的人学确证实际上不自觉地表露出对人类社会发展过程的逼近，这一点集中体现在他对"新的历史动意"的理解上。这也是十分重要的方面。我认为，马斯洛人学理论中的这种影响并不一定是十分自觉的，更多地可能是从不同视角对共同历史趋向的接近。

我们不得不说，在马斯洛关于新人学建构的最重要的部分——对人本身生存状态的确证中，他恰恰显示出过多理论上的苍白和单薄。这也许是社会历史领域中那种让无数人学家失足的不可超越性仍然在起着作用。

第五章 科学人本主义的现实泛化

目前正在发生一次人的形象的改变。这是从关于深入人们骨髓的人类本质的哲学开始的，其余的一切正在随之涌动。这无疑是一场革命，新人形象的出现将会改变世界以及世界上的一切事物。

——马斯洛

我们说，马斯洛的科学人本主义是一条新的人学逻辑思路，这条思路由新的哲学本体论、新的认知图景和人的自我实现理论拓展为一个完整的人学框架。并且，我们已经看到这种新人本主义始终立足于科学，立足于现实，立足于整合，时时都力图进行人学思想史的超越。不仅如此，马斯洛人学理论与传统人本主义的最大不同点，还在于他使人学直接成为一种干预现实生活的实用性理论，或者说，科学人本主义有着强大的现实泛化力量，它使自己融合于社会生活，一次使人学的先导逻辑成为人类现实生活的具有可操作性的范式。

第一节 新人、新理想国、新乌托邦

在马斯洛那里，自我实现的人是人的本质的最终实现。自我实现的人是"整合的人，充分发展的人，充分成熟的人"。自我实现的人不再是人性的片断，而是人应该和可能成为的最美好状态的一切。在这里，每一个人既是诗人，又是工程师，既是理性的，又是非理性的，既是孩子，又是成人，既是男性的，又是女性的，既处在心理过程中，

又处在自然世界中，用弗罗姆的话来讲，就是马克思所说的真正全面自由发展的人，真正意义上的"大写的人"。所以，马斯洛甚至认为自我实现的人的发现，"解决了哲学家为之无效奋斗了若干世纪的许多价值问题"。

很显然，马斯洛用自我实现的人向我们描述了一个新的"超人"。当然，这个超人不再是尼采《查拉图士特拉如是说》中那种超出现实社会的理想人，而是一种既具有现实可能性又具有**实证"人性度"**的人的生存状态。我们可以看出，马斯洛的自我实现的人的确展示了一个十分美好的人的形象，但是，人们不禁要问，这样一种人生活在什么样的地方呢？马斯洛认为，自我实现的人**应该**（马斯洛大落旧人学之俗套！）生活在真正人类社会的"存在王国"中，他们"说存在语言，有存在认知，过高原生活"①。可是，马斯洛承认现实社会并不如意。因为根本就没有现实的**整体的**存在王国。由于其他限制（如社会分工），在现在的社会生活中（包括"丰裕社会"），人实现自我的可能性还是非常小的。比如，爱因斯坦在一个专门化的状态下获得了自我实现，这是因为**"其他人为他做了事"**！如果没有他的妻子和其他朋友们，爱因斯坦不要说"自我实现"，"他可能死了"。原来，在现实社会中，少数自我实现的人是由于**特定的条件**构成其超越性的生存状态的，因而，我们提出，不断"增进个体的健康也是为了造成更好社会环境的办法"。所以，更重要的"大问题"就是要再通过自我实现的人这种"好人"去现实地造就一个真正合理的"良好社会"，这是一种"根本上全人种的社会，一个全人类的世界"②。这是特地为促进**所有的人**的自我完成和心理健康而设计的，这种社会构成一种新的背景，只是在这种特定的格局中，才能促进人从总体上走向自我实现，才能促进人的潜能的实现。不过在这一点上，马斯洛陷入了循环：一方面，人的潜能只有在良好条件下才有可能（在较大规模上）实现；另一方面，良好社会又要由好人来创造。马斯洛自己也承认，他所讲的这种良好社会（"存在王国"）实际

———————————

① ［美］马斯洛：《人性能达的境界》，267 页。

② ［美］马斯洛：《人性能达的境界》，25 页。

上是不存在的，所以这必然是一种新的"理想国"。一个新的乌托邦！在这里，我们似乎又看到了布洛赫和弗罗姆的影子。布洛赫把那种能够在现实中实现和引导人们向前奋进的希望称为"具体乌托邦"，弗罗姆将乌托邦看成是"手段实现前所梦想的目的"，而马斯洛干脆把乌托邦变成一种能够与行为科学相融的东西。对于这一点，马斯洛是毫不掩饰的，他把"在理论上建立一个心理学乌托邦"看成是一种"乐趣"，甚至想象"假如一千户健康人家移居一处荒原"，让他们自己随意设计自己舒适的情景。

马斯洛憧憬着，这将是一个高度无政府主义的群体，一种自由放任但是充满爱的感情的文化。在这个文化中，人们（包括青年人）的自由选择的机会将会大大超出我们现已习惯的范围，人们的愿望将比在我们社会中更加受到尊重。人们将不像我们现在这样过多地互相干扰——易于将各种观念、宗教信仰、人生观或者在衣、食、艺术或者异性方面的趣味强加给自己的邻人。总之，这样精神优美的居民将会在任何可能的时候表现出宽容、尊重和满足他人的愿望，他们允许人们在任何可能的时候进行自由的选择。在这样的条件下，人性的最深层能够自己毫不费力地显露出来。[1]

我们发现，马斯洛关于理想的人（自我实现的人）、理想国家和理想（乌托邦）本身的追求，并没有彻底摆脱传统人本主义那种深深的浪漫主义色彩，但需要指出的是，又因为马斯洛的新人本主义的科学实证特征，从内在的逻辑上必然导引他不断试图使自己的人学理论向实践转化，我称之为马斯洛科学人本主义的强烈的**现实泛化倾向**。这是马斯洛科学人本主义理论十分独特的地方。

科学人本主义如要向现实转化，就需要一个中介性环节，我们在马斯洛人学理论建构的尾部毫不费力地找到了它，这就是所谓**"优赛琴"**（Eupsychian，意译为优美的心灵）理论。在早期，马斯洛曾经在鲁

---

① 参见［美］马斯洛：《动机与人格》，330 页。

斯·本尼迪克特①的影响下，把这种理想社会的特性称为"协同的"社
会，并专门探讨过人与社会不同层次的协同作用。② 马斯洛将"优赛
琴"视为自己科学人本主义在社会价值取向中的集中体现，这就是标志
了一种"沿着人性更丰满的方向发展"的新社会行为模式（类似韦伯的
"理想类型"），也是人类社会历史总体发展的趋向。他甚至提出，"优
赛琴"是一种**"新的"宗教**。③ 这是一种取代传统西方社会以追求实利为
天职的新教伦理的人学宗教。在马斯洛看来，世界该按着他的科学人
本主义世界观重新翻一个个儿了。

第二节　"社会革命"与新的社会模型

马斯洛公开声称，他的科学人本主义导致了新"优赛琴"理论的出
现，这也正在导引"一场革命"的发生。当然，马斯洛并不想推翻现在
的社会存在，而是要求人按照他的"优赛琴"理想框架去**现实地改良**社
会。问题已显而易见了，他所说的社会革命其实不过是一次科学人本
主义的社会改良！他相信："改革是可能的，进步、改善也是可能
的。"④那么，用什么去改造现在的社会呢？这当然是建构一种新的"社
会规范"，一种新的社会模型。关于这一点，我们可以在马斯洛 1967
年春在美国布兰代斯大学为研究生举办的专题研究科目中看到：

　　　乌托邦的（utopian）社会心理学：为心理学、社会学、哲学或
　　其他社会科学研究生开设。讨论理想的和优赛琴的文选。研究班
　　所关心的应该联系经验的和现实的问题（concern itself with the

---

　　①　鲁思·本尼迪克特（Ruth Benedict，1887—1948）：美国当代著名文化人类
学家。其代表作为：《文化模式》（*Patterns of Culture*）、《菊与刀》（*The Chrysanthe-
mum and the Sword*，1946）等。1938 年夏天，马斯洛在本尼迪克特的指导下，赴
加拿大印地安部族进行跨文化人类学田野调查。——笔者修订版
　　②　参见［美］马斯洛：《人性能达的境界》，197～209 页。
　　③　参见［美］马斯洛：《人性能达的境界》，230 页。
　　④　［美］马斯洛：《人性能达的境界》，210 页。

empirical and realistic question)：人 的 本性 许 可 建 立 怎样 好 的 一
种 社会？社会 可能 造 就 怎样 好 的 人性？什么 是 可能 的 和 可行 的
（possible and feasible）？什么 是 不可能 的。①

请看，这又是现实生活中的乌托邦，"可能"与"可行"的并存，这
还是"应该"与"是"逻辑整合规定的现实延伸。我们十分想搞清楚，马
斯洛想要让我们进入的那个既理想、美好，又现实可行的社会模式究
竟是什么。十分遗憾，像马斯洛其他心理学文献一样，他并没有系统
的社会理论，只有对问题的界说和经验性的分析。我在此做了这样一
些归纳，大概能显现马斯洛理想化社会模型的基本思路：

第一，马斯洛指明对于建构一个新的理想社会应该避免的危
险——"不现实的圆满论"，即要求完全理想地和完善地解决所有问题
的倾向。他认为，历史上许多理想国之所以失败，都在于它们从逻辑
上就基于一种不现实、不可能达到的幻想。例如，让我们都彼此相爱，
让我们都平等地分享一切，所有的人在各个方面都必须作为相同的人
看待……这种不切实际的要求必然导致这样一个共同的序列："圆满论
或不现实的期望**导致**不可避免的失败，再导致幻想的破灭，**再导致冷
漠**、沮丧或对一切理想和一切规范和努力的敌视。"②再比如，幻想理
想国的建立"依赖于一位聪明的、仁慈的、机智的、坚强的、有效率的
领袖，一位哲学家国王"，可是，谁将挑选出这位理想的领袖，如何保
证领导权不落入暴君手中，好的领袖死了以后怎么办呢？这一切显然
都是无从所知和不现实的。所以，我们只能去思考"如何使热情和怀疑
的现实主义相结合，如何使神秘主义和实际的机智及有效的现实测验
相结合"。一句话，"优赛琴"社会的建构原则仍然只能是把"应该"和
"是"有效结合起来的现实社会改良。

第二，"优赛琴"社会应是"精选的社会"。这是一种精选的亚文化，

① ［美］马斯洛：《人性能达的境界》，210 页。中译文有改动。参见 Abraham
H. Maslow, *The Farther Reaches of Human Nature*, p. 203。

② ［美］马斯洛：《人性能达的境界》，215 页。

即"它是仅仅由心理上健康的或成熟的或自我实现的人和他们的家庭组成的"。在这个精选的社会里，自我实现的人是社会生活的主体，他们应该凭他们自己的贡献获得最好的东西。而各种干扰美德、正义、真理、效率的因素被降到最低限度。"一个优秀社会的定义就是善有善报。"可是，在现实社会中的那些**非优良的人**呢？马斯洛无法回避的问题是："假如你心目中确有一个精选的理想群体，你还必须回答是驱逐还是同化破坏者的问题。"马斯洛的答案很明确："开除那些选择漏网的不良分子！"往哪儿开除？西伯利亚或是月球？马斯洛没有指明。

第三，"优赛琴"社会将是一个非集权化的社会。这是马斯洛非常强调的一个社会建构原则。在这里，"优赛琴"更强调地方自治、个人责任，对任何类型的大机构或任何类型的权力积累都不信任。它不认为武力能作为一种社会技术。它和自然与现实的关系是**生态学的**和**道家的**（Taoist）。比如，"科学群体可以作为一个无领袖的优赛琴'亚文化'的范例"。

第四，"优赛琴"社会将是一个宽松的、多元的、适合人性发展的社会。"优赛琴"社会的价值取向是多元的，它承认人在体质和性格中的差异，这是一个实际上承认人性大部分或全部特征的社会。① 因此，要消除不必要的社会控制，接纳公众的不同趣味和需求。"优赛琴"的婚姻是男女双方在自我实现基础上的结合，社会广泛地结成一种"亲密团体、家庭、兄弟关系、友爱和伙伴关系"。虽然，亲密和喜爱在亿万人的大范围是不大可能实现的，但可以从小的团体自下而上地组织起来。而那些行为侵犯（犯罪）将在"人格的成熟和自由前进"中，变为"反抗或正直的愤怒，变为自我肯定"。

第五，"优赛琴"社会将使人拥有丰满的个人精神生活。取代传统的宗教地位的，是"优赛琴"社会中人们内心中的那种真正的存在价值，这使得真正属于人的本质的"非宗教或人道主义或非习俗化的个人宗教第一次成为可能的了"②。在这里，人们会把"私下或公开忏悔的坦率、

① 参见[美]马斯洛：《人性能达的境界》，13页。
② [美]马斯洛：《人性能达的境界》，218页。

彼此的争论、相互以诚、真和回报"注入人们的心灵，形成这个社会的精神支柱。

其实，在马斯洛的眼中，"优赛琴"社会不过是一种"非线性系统组织的体制"。这个社会不是由某一种原因或倾向支配的，而是一种由各种良好因素的整合功能发挥造成的一个类似"场"的氛围。在这其中，人"有一种一般性的自由，像大气一样，弥漫全身，无所不在，而不是如你在星期二做的某一件小事——一件特定的、可以和其他事件分割开的什么事情。……那将是一种社会，它是特地为促进所有人的自我完成和心理健康而设计的"①。马斯洛按照自己的逻辑思路试图勾画一个现实的理想国，一个似乎可以实现的乌托邦。当然，马斯洛还的确从这里出发，把自己的触角伸向了社会，把科学人本主义和"优赛琴"理想融进现实生活的进步中去了。他晚年比较关心的人本主义社会改良包括：Z理论管理（也称优赛琴管理）、人本主义教育改革、心理咨询治疗团体（如辛那侬之类的吸毒者治疗团体）②、交友小组（encounter groups）、工商业改造以及新"精神政治学"（psychopolitics）③等方面。在本书中，我们将就马斯洛论说较多、理论色彩较浓的几个方面做一些概要的评介。

第三节　管理学中的"Z理论"

1962年的春天，马斯洛在美国加州的一家数字仪表工厂中当上了"访问研究员"，他的科学人本主义的触角开始伸向了管理科学。

我们知道，西方管理学在19世纪末作为西方工业社会大机器生产的共生管理方法产生以来，随着社会生产和科学的不断发展，已经有了很大的变化。在目前对西方管理学的研究中，这种变化被概括为三

---

① ［美］马斯洛：《人性能达的境界》，82页。

② 参见［美］马斯洛：《人性能达的境界》，224页。

③ 参见［美］马斯洛：《洞察未来：马斯洛未发表的文章》，156～161页。——笔者修订版

阶段论。第一阶段是古典管理学时期，这主要是指 19 世纪末、20 世纪初以美国的泰勒①和德国的韦伯②等人为代表的早期科学管理学；第二阶段是 20 世纪 20 年代开始的的人际关系-行为科学理论，这主要是指美国的梅奥和罗特利斯伯格开创的强调人的主体因素的管理理论，马斯洛与美国的麦格雷戈③等人都被记在这一理论的名下；第三阶段则是指第二次世界大战以后出现的现代管理理论，这主要指美国巴纳德④、西蒙⑤、德鲁克⑥等人运用大量现代社会学、系统论和数理方法研究管理的各种理论。在这个分期中，管理思想的演进被划分为相互隔离的三个时期：第一个时期是以机械的、物化经济人的意向来管理人的阶段；第二个时期则是以关心人为中心的管理阶段；第三个时期则是"现代"科学管理阶段。马斯洛被归在第二阶段中。虽然，这里的

---

① 弗雷德里克·温斯洛·泰勒（Frederick Winslow Taylor, 1856—1915）：美国著名管理学家、经济学家，被后世称为"科学管理之父"。其代表作为：《工场管理》(1903)、《科学管理原理》(1911)等。——笔者修订版

② 马克斯·韦伯（Max Weber, 1864—1920），德国著名社会学家、政治学家、社会理论家，也是现代一位最具生命力和影响力的思想家，社会学创立以来最伟大的社会学家之一。其主要代表作为：《新教伦理与资本主义精神》(1920)、《政治论文集》(1921)、《学术理论论文集》(1922)、《社会史与经济史论文集》(1924)、《社会学和社会政策论文集》(1924)、《经济与社会》(1922)等。——笔者修订版

③ 道格拉斯·麦格雷戈（Douglas M. McGregor, 1906—1964）：美国著名的行为科学家，人性假设理论创始人，管理理论的奠基人之一，X-Y 理论管理大师。——笔者修订版

④ 切斯特·巴纳德（Chester Irving Barnard, 1886—1961）：美国著名管理学家，近代管理理论奠基人。其代表作为：《经理人员的职能》(1938)。——笔者修订版

⑤ 赫伯特·西蒙（Herbert A. Simon, 1916—2001）：美国管理学家和社会经济组织决策管理大师，1978 年诺贝尔经济学奖获奖者。他的主要著作有：《管理行为》《经济学和行为科学中的决策理论》《管理决策的新科学》《人工的科学》《人们的解决问题》《思维模型》等。——笔者修订版

⑥ 彼得·德鲁克（Peter F. Drucker, 1909—2005）：美国著名管理学家，现代管理学之父。代表性著作为：《德鲁克论管理》《21 世纪的管理挑战》《九十年代的管理》等。——笔者修订版

线索十分清晰,但这种分期是否过于简单化?因为我们从中看不到管理思想发展的**真实逻辑**。其实,现实的西方管理思想的演变是一个极其复杂的、各种思想倾向交融消长的过程。我认为,从总体上看这一过程可以分为四段。一是早期管理思想**萌发和生长**的时期,首先是工业革命(资本主义生产方式)带来了大机器社会化生产的管理和制度建构问题,而在这个管理理论发生的起点上,就存在着注重组织、方法结构(巴贝奇等人,后来有麦卡勒姆、普尔)和注重人(欧文等人,后来是马克思)的两个方面,而从 19 世纪下半叶开始,工业生产本身的发展又使这两种趋向进一步以**共生的**方式吸引进新诞生的科学管理格局中。**科学管理**的时代是管理思想发展结束其史前史后的重要奠基时期,泰勒是管理之父,他那种寻求生产效率和系统化、科学化、标准化的作业管理思想成为管理科学的基本骨骼。法约尔和韦伯虽然同时提出了相同的理论,但他们的思想在当时并没有为世人所共识。需要指出的是,这也并不是一个纯而又纯的科学管理时代,在此期间,已经出现了以蒙斯特伯格①的工业心理学为基点的早期"社会人"的理论。第三个时期是以强调关心人为主题的**社会人**时代。社会人是对"经济人"的超越,因而有了梅奥②等人的霍桑试验及人际关系理论。在这样一个时期中,社会人的管理思想的确是**主流**思潮,但同时仍然生长着科学管理学的新一层学说,如戴维斯③的原理和对法约尔等人的重新估价。而巴纳德和西蒙都出现在这个时期的后期。第四个时期是今天管理科学的综合时代,它决不是单一的"现代管理科学"时代,而是一个管理学经历了它多样化的青春期而寻求更加合理的成熟形态的时期。

---

① 蒙斯特伯格(Hugo Munsterberg, 1863—1916):德国心理学家,工业心理学的创始人,行为科学的先驱。其代表作为:《心理学与经济生活》。——笔者修订版

② 梅奥(George Elton Mayo,1880—1949):美国著名管理心理学家。他提出了关于人群关系运动的霍桑实验:它发现工人不是只受金钱刺激的"经济人",个人的态度在决定其行为方面起重要作用。——笔者修订版

③ 拉尔夫·戴维斯(Ralph C. Davis,1894—1986):美国管理学家。其代表作为:《工厂组织和管理原则》。——笔者修订版

马斯洛正属于今天的时代。马斯洛的思想不是一般社会人的理论，而是对人学管理学思想的一种整体的更深刻的确证。这也就是说，马斯洛的管理思想的时代视角更高，更远。

我们知道，人本学管理理论是古典管理理论（泰勒）的相反物，即从那种把人视为物，像操纵机器一样地来标准程序化的管理人，转到在生产中把人当作人（非经济动物）的视角上来，从仅仅注意人的低级物质需要转到更加关心人（劳动者）的高级心理需要的满足上来。从逻辑上讲，社会人是对经济人的一种直接超越！用麦格雷戈的话来说，就是 X 理论向 Y 理论的转换。① 总的来说，马斯洛属于重视人的 Y 理论一类。可是，在这里人们往往忽视了马斯洛自己的一个重要观点，即他对自己管理学理论的界定："Z"理论（Theory Z）②。同时还需要说明的是，马斯洛管理学的 Z 理论固然受到了麦格雷戈的影响，但这并不类同于日裔美籍管理学家大内③在 20 世纪 80 年代提出的那种单纯作为麦格雷戈 Y 理论进一步扩展的人本学管理的"Z 理论"④。马斯洛在 20 世纪 60 年代初就提出了优赛琴理论，在读到麦格雷戈的著作之后，他为了在管理学分析中的"方便起见"，顺势自称是相对于 X、Y 理论的 Z 理论。马斯洛说，他的 Z 理论并不是 X 或 Y 理论的简单选择，而是与"X，Y 两种理论同处于一个连续的系统中，三者可以形成一种整合的层次"⑤。是不是可以这样理解，马斯洛在此又是在进行一

① 在这里，麦格雷戈有一点失误，X 理论其实同时还在逻辑上暗含着早期的 Y 理论（从欧文到蒙斯特伯格），而社会人（Y）真正占上风时，这已经是逻辑上的 Y"和包容着 X"（西蒙等）了，而各种现代科学管理方法则应是更高级的 X 理论。

② Abraham H. Maslow, "Theory Z", in *Journal of Transpersonal Psychology*, l, No. 2：30—47. 1969.

③ 威廉·大内（William Ouchi）：日裔美籍管理学家，Z 理论创始人。美国加利福尼亚州立大学洛杉矶分校的管理学教授。其代表作为：《Z 理论——美国企业界怎样迎接日本的挑战》（*Theory Z：How American Business Can Meet the Japanese Challenge*）。——笔者修订版

④ William Ouchi, *Theory Z：How American Business Can Meet the Japanese Challenge*, Manhatten：Addison-Wesley Publishing Company, 1981.

⑤ ［美］马斯洛：《人性能达的境界》，274 页。

种逻辑上的超越,即认为真正科学的管理理论应该**同时重视严格科学方法和注意人的高级需要的整合!** 这也许是现代管理理论中一条未被真实挖掘出来的思路。关于这一点,我们也许可以通过一些具体的分析清楚地看到。

马斯洛关于人本主义管理理论的思想集中体现在《优赛琴管理》(*Eupsychian Management*,1965)一书中。这是他在加利福尼亚州德拉马尔非线性公司的工作日记。马斯洛说:"我去那里并没有特定的任务和目的,但因为各种原因我对那里正在发生的事很有兴趣。"什么兴趣?马斯洛发现,在这个企业中,他的那种人本主义已经"不再只是一种理论,而是一个事实了"!马斯洛兴奋地写道,工业(企业活动)本身能代替实验室,也往往是比实验室更有用的一种知识来源和试金石。

马斯洛本人不是一位专业管理学家,他不过是在心理学成果的哲学升华后,到现实生活中去寻找理论落点的。马斯洛很幸运,他立刻发现了管理理论中的同志:德鲁克和麦格雷戈。马斯洛认为,麦格雷戈的 Y 理论和他的科学人本主义是有相通之处的。但是,与这些管理学家的根本不同点在于,他从一开始就不是在简单地建构一种管理**技术**,而是在从科学人本主义的框架出发,研究现代人本主义管理学变革的深刻意义。他一上来提出的一个基本问题是:"什么样的工作条件,什么样的工作,什么样的管理,什么样的奖赏或报酬对人性的健康成长及其较丰满和最丰满的发展有益。那就是说,什么样的工作条件对于人的实现最有利。"①对此,马斯洛分析道,在当前的社会发展阶段上,人们的最基本的需要——衣、食、住、行等的满足已有保障,那么,不同于原来那种以追求起码的生存条件为目的的人的生存活动,如何找到一条新的、更好的工作管理办法?

马斯洛再明白不过地指出,这已不是一个技术问题(麦格雷戈等),而是"触及个人和社会生活的最深层的争端,触及社会、政治和经济理论以及一般哲学中最深刻的争论"②。他认为,科学人本主义正是代表

---

① [美]马斯洛:《人性能达的境界》,234 页。

② [美]马斯洛:《人性能达的境界》,234 页。

这种新的历史动意的理论构架，一种新的社会价值体系。所以，马斯洛的优赛琴管理并"不是谈论什么管理的新花招，或什么'诀窍'，或肤浅的技术，它不是用来更有效地操纵人们以求达到非他们自身所需要的目标"，"宁可说是以一种更新的价值体系与一套基本的传统价值观念相对抗"。① 这是什么呢？就是马斯洛的新人本学：

> 人性曾经被低估，人有一种高级本性（higher nature），它和人的低级本性（lower nature）一样也是"似本能的（instinctoid）"，这一高级本性包括需要有意义的工作，需要担负责任，需要创造，需要公平和正义，需要进行有价值的活动，并宁愿做得好些再好些等等。②

新体系在这些发现中得出了"真正具有革命意义的结论"。马斯洛认为，正是他的这种科学人本主义理论才是新的管理科学的真实**思想基础**。

这也就是说，我们的新管理科学宗旨，不是像传统管理学一样，把人作为物和机器来看待，而是要把人作为**人**来管理。人不同于物的根本点，就在于他有自己的内心世界，有物质需要之上的主观需要。所以，现代管理学变革的质点是还管理学应有的**人性**。当然，这不是一种抽象的伦理说教，更不是一种非科学管理方法的复辟，而是能够与科学管理方法，现代生产水平直接融合的科学人本主义管理原则。

马斯洛在此把新的价值体系支配下的"优赛琴"管理（Z 理论）与旧的管理体制（包括麦格雷戈的 Y 理论）做了一个**感性的**经验对比（又是临床诊断）：

---

① ［美］马斯洛：《人性能达的境界》，235 页。
② ［美］马斯洛：《人性能达的境界》，235 页。

表三 组织管理水平和其他层次因素的关系①

	专制的	监守的 （维持生活）	激励的 （动机的）	同学般、兄弟般的同事	Z理论组织管理； 组织管理超越
依赖于：	权力	经济物资	领导艺术	相互帮助	对存在自身和对存在价值的献身
管理倾向：	权威	物质奖赏	激励	整合	假设人人都能献身。发信号者。共同工作者。
雇员倾向：	服从	安全	成绩	责任	赞美；爱；接受事实上的优越。
雇员心理：	依赖个人	依赖组织	参与	自我训练	尊奉；自我牺牲。
需要满足：	给养	维持生活	高级秩序	自我实现	超越性需要；存在价值。
道德尺度：	遵从	满足	动机	对工作和集体的献身	对存在价值的献身。
			和其他思想的关系：		
麦格雷戈的理论：	X理论		Y理论		Z理论
马斯洛的需要优势论：	生理需要	安全保障	中级	高级	超越性需要；存在价值
赫兹贝格的因素：	维持生活	维持生活	动机的	动机的	
怀特的主题：		组织管理员			
布雷克和莫顿的管理方格：	9，1	3，5	6，6	8，8	

———————————

① ［美］马斯洛：《人性能达的境界》，276～281页。

续表

	专制的	监守的 （维持生活）	激励的 （动机的）	同学般、兄 弟般的同事	Z理论组织管理； 组织管理超越
动机环境：	外部的	外部的	内部的	内部的	溶合
动机样态：	消极的	对工作多 为中立的	积极的	积极的	
管理权力 样态：	专制的		参与		第一位；卓越；非个 人的，包括自愿放权。
个人发展的 心境水平	业主	老板；父 亲；主教	不成熟 的平等	健康； 成熟；	超越；超自我的存在 水平；超个人。
人的形象：	被利用的 物；可以 互换；无 个体性。 业主。	玩物；孩 子；或慈 悲的独 裁者。	共同利益 和共同需 要满足的 合作者。 缺失性爱。	人人都是 将军。强 烈的同一 性。自主 人之间的 联合。真 正的自 我。自我 实现。	圣贤、政治家、实用 主义者。神秘主义者。 菩萨。存在人。牧师 式的献身和非个人性。 赫拉克利特型的人。
客观：	不相容 的；拥有 的；不等 同；占有- 客观。旁 观者-客观。			存在-爱 溶合-客观	道家客观；超越的客 观；不干预的客观； 爱的客观。
政治：	奴隶；物。	族长	为共同利 益而联合	评议员； 人人都是 将军；充 分自主。	存在政治；无政府； 存在谦卑；分权。非 个人性。超个人性。

续表

	专制的	监守的（维持生活）	激励的（动机的）	同学般、兄弟般的同事	Z理论组织管理；组织管理超越
宗教：	恐惧与愤怒之神	父神	爱-仁慈	人道主义	超人道主义（以宇宙而不是以人类为中心）。
男—女：	占有；剥削。	负责的和感情的占有	爱-仁慈；彼此的需要满足。	相互尊重；平等；存在爱；充分自主。	存在爱；融合；自如状态。
经济：	保持活着。实利主义。最低需要经济学。	慈善的占有；贵人行为理应高尚。	民主的；伙伴关系；高级需要经济学。	伦理-经济学；道德-经济学。社会指标包括在计算系统中。	无政府；分权；存在价值作为最有价值的报酬。精神经济学。超越性需要经济学。超个人经济学。
科学水平：	物-科学	低于人类的科学 ……	人本主义科学 ……	……→	超人类的科学；以宇宙为中心的科学和超个人的科学家。
价值水平：	脱离价值	低于人类的价值 ……	人本主义价值 ……	……→	超人类的价值。存在价值。宇宙价值。
方法：	原子论的-二歧化的-还原的-分析的→有结构的；整体论。层次整合。协同作用。			整合的	
畏惧-勇气：	畏惧←……→勇气……………→				超越勇气和畏惧；在勇气和畏惧之外。
人性程度：	人性衰弱：发育不全…………→丰满人性			超越人的，超个人的。	
矢量方向：	倒退←………→形成-进步-成长-存在				
卓越：	………→卓越程度增高………………………→				

续表

	专制的	监守的 （维持生活）	激励的 （动机的）	同学般、兄 弟般的同事	Z理论组织管理； 组织管理超越
心理健康：	………………→健康与人性程度增高………………………→				
教育：	训练 ←………外部教育………→	控制教育	相互教育	内在教育。即席应答训练。无须准备就能应付情境的信心。	超越人的教育。道家的人格教育。赫拉克利特型的人。"不是我的意愿，而是你的意愿。"奉献。拥抱你的命运。负责。
医师与治疗水平；帮助水平：	机械师；外科医生。	兽医；家长权威（使人畏惧和受人信赖）；给予命令。	慈父和严父（能受人爱戴并给人以亲爱的印象；关心人但令人费解）。镜子。	存在主义的；我-你；同事；哥哥；寻求同一性；寻求命运；寻求价值。	道家引导。咨询。宗教指导。圣贤。听其自然。存在价值分享。菩萨。悲-爱-同情。
性：	肮脏；邪恶；单方面的；暂短的；利用的（糟蹋另一个人）。	"自然的"去圣化的。	爱-性。狂喜。欢乐。	圣洁化；通向天堂。	天堂-存在状态。超性欲的爱情。
沟通的方式或水平：	命令	命令		相互关系	存在语言
怨言水平：	低级	中级		高级	超级怨言

续表

	专制的	监守的 (维持生活)	激励的 (动机的)	同学般、兄 弟般的同事	Z理论组织管理; 组织管理超越
报酬;工 资;奖励;	物质货品 和财物	现在和未 来的保障	友谊,感 情,团体 归属	尊严。地 位。荣誉。 称赞。光 荣。自由。 自我实现。	存在价值。正义。美 善;卓越;完善;真 理,等等。高峰体验。 高原体验。

我们没有必要对表内所列的每一项具体内容做详尽的解说,而只需注意 X、Y 理论与马斯洛 Z 理论的区别与关联。从中,我们已能够再清楚不过地看出马斯洛所主张的管理理论究竟是什么。

十分显然,从马斯洛的逻辑出发,他并不完全赞成麦格雷戈的观点。因为在马斯洛看来,X 管理在低层次的社会生活中是**完全必要的**,而关注人的 Y 理论不过是 X 管理之上的一种发展。按照他的思路,Y 理论重视人是对的,但不应排斥生产中必要的 X,二者应该在生产中从更高的层次上整合起来,这就是他的科学人本主义的管理观——**既重视物又重视人的 Z 理论**。这是我们管理学界应该注意的一个十分重要的问题。我认为,马斯洛的"优赛琴"管理(Z 理论)是对现代科学管理整合趋向的重要理论论证,我们无须去验证马斯洛的 Z 理论在生产中有多少成功的实例,因为当代科学管理发展本身已经证明马斯洛的思路是合理和现实的。

今天,现代化进程使与生产经营相连续的管理科学在中国得到迅速生长。进步是显而易见的。但是,中国的管理科学特别是生产经营中的管理方法实施现状又有令人担忧的一面。我们不难看到,管理科学是被**混合**引进的,人们忽略了管理科学作为实证方法是随着生产本身的现实发展而递进的,社会化大生产必然有泰罗和韦伯,自动化生产的一定阶段又生出麦格雷戈和马斯洛。在资本的原始积累时期,是不会有"丰田精神"和法国工人的"民主管理"的,人学管理是高层次的科学要求。①

　　中国的生产力发展属初级阶段，严格地说，中国人需要的首先是反对个人主观偏好的主体管理（小生产为基础的"人治"），要向科学管理的泰罗-韦伯时期进军。必须特别注意，管理方法是生长在特定生产水平之上的，它无法被抽象地移植，再先进的管理落在低下的生产实际运转中，唯一可能的结果是：变形为貌似新东西的旧货色。这几年，中国企业改革中的某些怪现象都需要从这里去思考。这是客观经济发展进程决定的。因此，如果我们离开一定的生产实际状况去照搬马斯洛的人学管理，出现的很可能是"Z 理论"与中国传统小生产那种主体经营术的可悲的畸形结合。

　　不同于文化领域，我们的实践进程更需要冰冷的科学理性，而不是主体颤动的酒神精神，在这一点上我们要十分清醒。当然，科学的管理只能在生产运行的土壤中真实地生长出来，而不能是外在的形式上的移植和表层涂抹。我们的目标可以是马斯洛主张的那种既重视物又重视人的整合管理，但实际的运转只能是从 X 走向 Y（从小生产的人治管理趋向泰罗的 X 理论是历史的进步！），Y 理论是社会化大生产发展一定阶段上的产物，人只有认识了生产规律，才可能自觉地科学地活动，这也是从必然到自由吧。在这里，马斯洛的 Z 理论只能是某种逻辑导引。

　　同时，中国的现代科学管理方法只能在中国人自己的民族文化背景中胎生出来，活剥生吞地搬来一些西方人的术语是无济于事的。我觉得，日本人在管理学中对老子、孙子之道的神用是值得我们去关注的。

---

　　① 参见[美]G. 戴维·加尔森汇编：《神话与现实——西欧国家工人参与管理概况》，裴彭龄、李振洁、夏白桦等译，115～143 页，北京，工人出版社，1985。

第四节 "内在的"人学教育观

我们知道，在西方的教育发展过程中，传统的文化教育理论是从古希腊人那里袭承下来的，在古罗马和中世纪的教会学校中，这种以强调培养和发展人的心灵为目的的教育思想得到了进一步的发展。在19世纪末、20世纪初，它似乎仍然是欧洲和美国教育中的主导思潮。特别是在1930年左右的美国，曾经出现过一股要求振兴这种人学式的传统教育的躁动。可是，20世纪20年代以后，在整个西方教育发展中，科学主义色彩极浓的实证教育论却成了教育的基本模式。

在这种教育过程里，教育的目的不是人的全面发展，扩大知识面和追求美好、高尚的真理，人们首先想到的是如何把学生培养成一个对社会生活直接**有用的人**，如工程师、物理学家或技术工人，以适应现实社会的选择。教育进入了市场，高价的市场商品实现成为衡量教育成就的标准。教育成为机器般的"知识工业"，好像能直接产生金钱和社会地位。在教育的形式中，更多地是采用了机械式的实用知识灌输，教育成了一种简单的复制，而教育本身的结构也变成了离开人而运转的机械运动过程。其典型的代表如美国的布鲁纳①的学科结构理论和斯金纳②新行为主义的"教学机器"理论。这些，正是马斯洛人学

---

① 杰罗姆·布鲁纳(Jerome Seymour Bruner, 1915—2016)：美国教育心理学家、认知心理学家。对认知过程进行过大量研究，在词语学习、概念形成和思维方面有诸多著述，对认知心理理论的系统化和科学化做出了贡献，是认知心理学的先驱，是致力于将心理学原理实践于教育的典型代表，也是被誉为杜威之后对美国教育影响最大的人。其代表作有：《教育的文化》(*The Culture of Education*, 1996)、《意义行为》(*Acts of Meaning*, 1990)、《论认知：左手随笔》(*On Knowing: Essays for the Left Hand*, 1962)、《教育过程》(*The Process of Education*, 1961)等。——笔者修订版

② 伯尔赫斯·弗雷德里克·斯金纳(Burrhus Frederic Skinner, 1904—1990)，美国心理学家、新行为主义学习理论的创始人，也是新行为主义的主要代表。著有《沃尔登第二》(*Walden Two*, 1948)、《科学与人类行为》(1953)等。——笔者修订版

教育论直接反对的对象。

在美国，新的人本主义教育论思路是由厄尔·凯利（Earl Kelley）、戈登·阿伯特（Gordon Allport）、卡尔·多杰斯（Carl Rogers）和马斯洛提出的。其中，马斯洛提供了这种人学教育论最丰厚的逻辑论证。在这种新的人学教育思想中，教育的目的是关注和培养个人独特的发展。学习的过程不是在于强调"正确"的价值，而是应该形成个人特有的抱负和欲望，使他能够理解他自己，并通过理解使个人与他人、与社会沟通起来。在人本学的教育过程中，每一个学生都应能够自由地、最充分地发展他的潜力，愉快、热情地按照自己的期望吸收和使用知识。"当他追求理解和自我实现（这是一种促进持续成长和变化的状态）时，每一新的情境都能够有助于改变和形成他的人格。"①马斯洛十分系统地完成了这种人学教育论的理论确证。

在马斯洛的眼里，"我们的传统教育看来是患有重病了"②。按照他的人学思路，传统教育的最大病症是与现时代科学共通的"非人"性。人的教育，教育人的科学，都成了一种不重视人、不把人作为人的机械的过程。教育陷入了一种"脱离价值、价值中立、无目标的、无意义"的可悲状态。事实上，教育是人成长中一个极为重要的环节，在一定意义上，我们可以将其视为人生发展的最初构架，教育的成败可能决定着人的整个一生。正因为如此，传统教育的现状是令人担忧的，也是必须改变的。马斯洛声称要剥开整个强诅咒的教育制度的皮。③对于传统教育的病症，马斯洛要求我们从两个方面来看。

首先是**教的方面**：大多数教师、校长、课程设计者和学校的督察，他们的主要工作是让学生得到在我们工业社会中生存所需要的知识。因此，这些人并不需要什么想象力和创造力，也不会去思考"他们**为什**

① ［美］罗伯特·梅逊：《西方当代教育理论》，陆有铨译，230页，北京，文化教育出版社，1984。

② ［美］马斯洛：《人性能达的境界》，171页。

③ 参见［美］马斯洛：《人性能达的境界》，230页。

么要教授他们所教授的东西"①。他们主要关心的是效率,即灌输最大数量的事实给最可能多的学生。在这种教育模式中,教师简直就像一架输出知识的机器。

其次是**学的角度**:学生则成了一架机械接受指定知识的吞食机。因为课堂学习往往使学生很快就懂得,发挥创造性会受到惩罚,死记硬背的人反而会得到奖赏,因而学生会集中注意力于教师要他们说些什么,却不求对问题的理解。

很自然地,在这种传统的教育过程中,也就形成了一整套机械的、维护外在教育的体制,如固定的学分制。只要学生投资一定量的小时数(学分),便可机械地获得他的学位。在这种教育中,没有真正的**人的自由学习**。马斯洛曾以美国学者厄普顿·辛克莱(Upton Sinclair)为例。辛克莱在上大学的时候,发现自己没有足够的钱来交纳必需的学费,而大学的课程中又有不少自己并不需要也不想学的东西。结果,他想了一个十分巧妙的办法:学校规定,假若学生不能通过一门指定课程,他将得不到此门课的学分,但必须另外**自选**一门其他课程作为替代,对于这第二门课,学校将不再收取学费。辛克莱利用了这一规定,故意让自己不愿学的课程考不及格,从而选学了自己喜欢的课程。

马斯洛提出,传统的"非人"的教育观必须改变,应代之以人本主义的新教育观。这就是在新的人本主义哲学的启发下所形成的"一种新的学习、教导和教育概念",

> 简要地说,这样的概念坚持认为,教育的功能,教育的目的——人的目的,人本主义的目的,与人有关的目的,在根本上就是人的"自我实现",是丰满人性的形成,是人种能够达到的或个人能够达到的最高度的发展。说得浅显一些,就是帮助人达到他能够达到的最佳状态。②

---

① [美]马斯洛:《人性能达的境界》,181 页。
② [美]马斯洛:《人性能达的境界》,169 页。

马斯洛把这种新的人学教育观称为**内在教育**或**艺术教育理论**。这就是说，教育决不是一种抽象地、被动地接受外部知识的过程，而是一种由学习主体自我促动、积极理解和努力创造的智力开发过程。教育应该使人学会成长，学习向哪里成长，学习分辨好坏，学习分辨合意和不合意，学习选择什么和不选择什么。说到底，教育是人这个真实主体的"内在学习、内在教导和内在教育"，并且，"这种教育的目标是培养我们所需要的新型的人，发展过程中的人，有创造力的人，能即席创作的人，自我信赖、勇气十足的人"。①

在马斯洛看来，这种内在教育的具体内容可由以下几个方面组成：

首先，内在教育的必要前提是让受教育者去"发现我自身的同一性，我的自我"。这就要求我们先学习做一个一般的人，然后再学习做这个特殊的人。② 你先要意识到自己是人，一个不同于任何物、任何动物的人。你必须"通过倾听你自身内部的主要部分、倾听它们的反应、倾听你内部正在进行的活动"，去真正发现你自己之所以是人的特质。同时，你对自己特质的认识越深，你也就越能深刻、全面地了解整个人的种族性，即把握真正的人性。这就能真正达到主体的自我确立，你就会作为一个人来接受各种人的知识了。只有这样，才可能首先形成真实的学习主体，而受教育者主体的确立也才有可能保证学习的过程是一个主动的活动。所以马斯洛说："理想的大学将是一种教育的隐退，使你能试着发现你自己；发现你喜欢什么，需要什么；你善于做什么，不善于做什么。"③总之，你要找到那个作为人的独特个体的"你"本身，只有这个真实的你，才能去选择你所需要的知识。这就是自我同一性在教育中的意义。

其次，内在教育的第二个重要的前提是受教育主体的"特殊使命的发现"。你知道了你自己是一个人，一个特殊的人类个体，是你在受教育，这还不够，你还应该去"发现你要用你的生命做什么"。这也就是

———————

① ［美］马斯洛：《人性能达的境界》，104 页。

② 参见［美］马斯洛：《人性能达的境界》，170 页。

③ ［美］马斯洛：《人性能达的境界》，183～184 页。

要求受教育者本人去发现自己的事业,"揭示一个人将为之献身的圣坛"①。而一个人在寻找到自己热爱的终生事业后,在学习中就会去为之勤奋,"忽然你发现,一天 24 小时似乎不够长了,于是你开始抱怨人生的短促"。而我们这种主动索取知识本身,也就从内部"带有价值暗示、有矢量、有方向的知识,走向某处的知识"②。这样,教育就绝不是一个强迫性的过程,而成为学习者的有目的、积极索取的过程。

有了这样的前提,也就必然导致整个教育过程的转变:

第一,内在教育的一个重要目的是使学习主体的意识保持清新,从而使学生能不断地觉察到世界的多样性和生活本身的美妙无穷。马斯洛说,现在的文化环境常常使我们变得失去敏感性,以至于对许多事情视而不见、听而不闻,从而变得麻木不仁。可是,如何保持意识清新呢?马斯洛选择的方法是存在主义的**面向死亡**:"保持日常体验清新的极佳方法是想象你就要死去——或和你朝夕相处的别的什么人就要死去。"只有你真正地感受到死亡的威胁,你才会以不同的方式观察事物,比你平常更密切地注意一切。就像你知道某个你亲近的人要死了,你会更集中注意力又更亲切地爱他,而不带有我们平时经验中那种漫不经心的情况。所以,内在教育就是要求我们"向定型倾向作战,绝不要让你自己以惯例态度对待任何事情"③。你得用"第一次看见"的态度对待一切事物,这样,你就能永葆意识清新,永远能够不断吸收到新的知识。

第二,内在教育的另一个重要的目的是让受教育者本人成为一个创造性的主体。这就要求教育者摆脱那种"作为讲课者、条件者、强化者和老板的教师的流行模式",教育不该是对受教育者的一种强迫性**干扰**,而应是道家的方法:教育应是向被教育者提供条件(知识),让他自己的潜在的能力自由地表现和发展出来。我们的教育者必须成为辅助者、顾问、引导者甚至是心理学家。要教好一个人,就是要了解他

---

① 参见[美]马斯洛:《人性能达的境界》,172 页。
② [美]马斯洛:《人性能达的境界》,172 页。
③ [美]马斯洛:《人性能达的境界》,192 页。

的生物因素是什么，他与其他人的不同点是什么，他的风格是什么，他与其他人的不同点是什么，他的风格是什么，他的能力倾向如何，他适于干什么，我们培养他的相应的基础条件是什么，他本身固有价值的原材料是什么，然后再在他不感到压力的气氛中，使他在接受知识的过程中有所表现、有所动作、有所尝试，甚至出错，总之，让他自己发展，创造一个不同于任何其他人的自己。经过自我选择，自我反馈，找到最能发挥自己才能的通道。①

这也就是证明，我们的教育应该把受教育者培养成一个创造性的人才，至少他能够"对付新事物和即席创作"，而"不作为一个具有丰富往昔知识因而能在未来事务中得益于过去经验的人"。② 内在教育是一种**人格训练**，"我们需要一种新型的人，他能同他的过去决裂，他觉得他自己足够坚强、勇敢，能在现在情境中信赖自己，假如需要能以一种即席创作的方式妥善处理而无需先期的准备"③。

第三，内在教育应该教人懂得人生的意义，"懂得生活是可贵的"④。知识的获得是为了使人的生活充满欢乐，"生活没有欢乐，就不值得生活"。人如果不了解人生的意义、人生的价值，他的一生就会成为一种无尽头的平板经历，没有任何起伏。在这样一种情况下所接受的知识也就是无意义的。与此相反，内在教育的过程始终与人生的价值相关联，人生的意义是我们接受知识的唯一参照系，它能使知识的接受成为一个人内在精神结构的形成的基础。

第四，内在教育的形成应是通过受教育者本身的主体体验来完成的。马斯洛甚至提出教育中应引进实践，把课堂教学与生活相结合。他问道："教室果真是最好的受教育的地方吗？所有的知识果真都可以用语言来传达吗？都能写入书中吗？都能通过讲课说出来吗？知识果

---

① 参见[美]马斯洛：《人性能达的境界》，190 页。

② [美]马斯洛：《人性能达的境界》，102 页。

③ [美]马斯洛：《人性能达的境界》，103 页。

④ [美]马斯洛：《人性能达的境界》，188 页。

真都能用笔头测验的方法来衡量吗?"①回答显然是否定的。马斯洛认为,在我们自己的内心里熟视无睹、置若罔闻的东西,正是我们在外部世界中熟视无睹、置若罔闻的东西!所以,要获得真正的知识,就只能使受教育者作为一个活生生的人去体验生活,"尝试错误、成功、失败、沮丧、痛苦、结婚、生儿育女",没有真正的人生,人的真正教育就无法开始。

总之,人的教育的一个终极目标是自我实现。"它要求一种人的现实,人的需要,人的发展",它要求更突出强调人的潜力之发展尤其是那种成为一个真正的人的潜在才能;强调更深入地理解自己并与他人很好相处;强调更能满足人的全面需要特别是调动他的高级发展的需要,即自我实现。新的人学教育观将帮助"人尽其所能成为最好的人"。

马斯洛的人学教育观对我们应是有所启迪的。读了马斯洛的内在教育法,我们并不感到陌生,因为中国的传统教育观**就是**注重人的内心净化的人学教育观。当然,我们要记住上文的一个重要隐喻,即马斯洛是在更高阶段上与东方文化的相似。

很显然,与几千年中国的封建社会并存的儒道禅合一传统教育体制从根本上是走不进今天的。仁义礼智、忠信孝悌、诚恕敬德与封闭的自然经济惯性循环交合为禁锢中国人双手双脚和大脑的绳索。虽然,社会实践上的历史推进已经充分证明,五四运动以来对传统文化框架的冲击是合理的。可是,一个民族的生存是无法脱离真正属于自己灵魂存在的精神格局的。我们的民族魂需要的是**重构**和**再生**,而不是简单的**破除**和**替代**。这是近代中国历史给我们的警示。

中国的传统教育中有许多令人惊异的东西。人伦主体的**内炼**和**主体际的交往**是这一教育观的基点,人与自然交合的巨大缺失却导致了主体内心世界的畸形发展。中国的教育历来是重德性修养的,人必先"正心诚意",才能"齐家治国平天下",内圣而外王。也正是这种追求**抽象内在**人格完整的倾向,使中国人的"天人合一"始终是天(已经是自然的虚化!)向人的回归,而中国人在外部世界面前就无法跨出决定性

---

① [美]马斯洛:《人性能达的境界》,231 页。

的步伐。

这种教育观中的病症应该随着历史实践的发展而消除，这是毫无疑问的。但是，我们不必在追求科学理性的现代化进程中，再可悲地去重蹈西方人在另一种偏狭通道上的痛苦历程。马斯洛在西方人教育发展的高级阶段上走到了内在人格论的入口处，而我们却在西方人实证教育的残断隧道前徘徊，这是值得我们反省的。我觉得，日本民族在近现代发展史中对待传统教育的态度是值得我们借鉴的。有人常说，日本的发展奇迹是西方文化重造的结果，我认为这是不准确的。大和民族在明治维新后的实践中，一方面大量吸取了西方人的科学实用技术以筑建一个新的经济格局，而在民族精神上却同时弘扬了东方文化中积极的内核因素，因此，"外王"仍然是建立在民族"内圣"之上的。比如，从中国传入日本的禅宗经过教化和生活运演成为大和民族精神生存的重要依托，禅被泛化为人的生存体验，武士道，茶道，花道，剑道，弓道，以及政治、经营之道，这种**古老**的内在性境文化在现代历史上获得了**新生**。铃木大拙、池田大作等禅学大师正是靠着东方的禅学在西方世界得到了敬重。遗憾的是，禅是中国人的，可是，中国人却丢掉了它。

中国当代的教育太重要了，它可能就是决定我们明天的最根本的一环。我们决不能在 20 世纪最后十年中，把中国的新一代培养成某种丧失人格、不懂得美好理想的考试机器，不能造就一批没有民族自信心的新的金钱走卒。中国人要在实践上真正站起来，不能不有新的民族魂。这是时代对教育的呼喊！看看马斯洛，请反思。

第五节　走向人格完善的心理治疗

为了探讨马斯洛的哲学思想逻辑，我们几乎一直把心理学家马斯洛的形象完全遮掩了。可是，若谈及马斯洛科学人本主义的现实泛化，我们却又不得不回到他起飞的现实科学实验基地——人本主义的心理治疗中去。

其实，当代更多的人本学心理学家主要都是著名的心理治疗的医师,如我们上面已经提到的美国的弗罗姆、梅、罗杰斯以及霍妮①等。这些诊疗学大师在实际的心理医疗过程里实践着他们的人本主义思想。当然,这并不是说他们在实践马斯洛的哲学思想,而毋宁倒过来说马斯洛的思想正是从这种实验心理医疗过程中升华出来的。所以,人本学的心理治疗正是科学人本主义形成和存在的实践王国。不过为了本书的逻辑需要,我们还是把视线集中在马斯洛的观点之上。

像在其他领域一样,马斯洛把传统心理学研究中的心理治疗领域称为一座"未被开采的金矿"②。好像他又是第一个淘金者。

心理治疗,顾名思义就是对在心理和精神方面患有疾病的人进行诊治。所以这里首先要搞清楚的问题是:什么是精神正常,什么是精神疾病或心理不健康?马斯洛指出,精神正常这一判断本身是不断变化的。他引述德鲁克的话说,从基督教创史以来,起码有四种连续的观点统治着西欧,其中每一种观点都树立了一种理想的典型人物,并设想,人如果效仿这个理想人物,个人的幸福和康乐就一定会出现。在中世纪,圣职人员是理想,文艺复兴时期则换成了有学识的人,在资本主义兴起后,讲究实用左右了理想人,而在法西斯出现以后,效仿英雄人物的多了起来(尼采的超人)。同时,在每一个时期中,与这样的理想不符的人都会被视为精神不正常。而在马斯洛看来,所有这一切人的神话都已经失去作用了,真正心理健康的人是一个全新的概念,这就是"人类有自己的基本性质",而所谓心理上"完美的健康状况以及正常的有益的发展在于实现人类的这种基本性质"。③ 其实这就是马斯洛所说的人的自我实现。这也就是说,趋向自我实现的人就是当代心理健康的人。于是,马斯洛关于上述问题的答案立刻就昭然呈现了:

----

① 卡伦·霍妮(Karen Danielsen Horney,1885—1952):德裔美国心理学家和精神病学家,精神分析学说中新弗洛伊德主义的主要代表人物。著有《精神分析新法》《我们时代的神经症人格》《自我分析》《我们内心的冲突》《神经症与人的成长》等。——笔者修订版

② [美]马斯洛:《动机与人格》,287 页。

③ [美]马斯洛:《动机与人格》,320 页。

　　一般的心理病理学现象是人类的这种基本性质遭到否定、挫折或者扭曲的结果。根据这个观点，无论什么事物，只要有助于向着人的内在本质的实现有益地发展，就是好的；只要干扰、阻挠或者改变自我实现的进程，就是心理病态。①

　　那么，什么是心理治疗呢？或者干脆说，什么叫治疗？"无论什么方法，只要能够帮助人回到自我实现的轨道上来，只要能够帮助人沿着他内在本质所指引的轨道发展，就是治疗。"②

　　在马斯洛看来，心理疾病正是由于人的自我（内部核心的本性）在现实的成长过程中受到了否定或压抑造成的。他甚至在《人性能达的境界》一书的第二章，用了这样一个醒目的标题："神经症——个人成长的一种失败"（"Neurosis as a Failure of Personal Growth"）。马斯洛曾列举过一本异常心理教科书的插图为例：这张图的下半部是一群孩子，苹果脸，甜蜜的微笑，兴高采烈，天真无邪，非常可爱。上方是一节地铁车厢中的许多乘客，愁眉苦脸，灰溜溜的，像是在生气。图下的解说词非常简单："发生了什么事？"③其意思是说，人在孩童时代是幸福健康的，但在生活旅途中由于各种阻碍和现实影响，他们美好的理想遭到打击甚至破灭。这正是人的成长失败的一种缩影。

　　在这一点上，马斯洛并不完全同意心理医疗创始人、精神分析大师弗洛伊德的某些观点，即把心理疾病归结于人性某一方面基本需要的受挫（如性的要求）。马斯洛指出，弗洛伊德主义对精神挫折的理解过于偏狭了，而某种基本需要的缺失并不会对人生发生根本性的影响，只有人的存在价值的丧失才会"危及一个人的性格、他整个一生的目标、他的自尊、他的自我实现"。精神病症是个人发展上的失败，"是充分的、健全的人性的丧失"。同时，在对待心理治疗的态度上，马斯洛也不同意弗洛伊德学派的观点。他认为，弗洛伊德主义"倾向于把任

---

①　参见[美]马斯洛：《动机与人格》，320 页。

②　[美]马斯洛：《动机与人格》，320 页。

③　[美]马斯洛：《人性能达的境界》，32 页。

何东西都病理化（在极端情况下），因为他们没有看到人走向健康的可能性，因为他们对任何东西都是透过黑色眼镜来看的"①。在弗洛伊德那里，基本需要的缺失成为人心理病症永恒的阴影，他们过于悲观了。在一定的意义上，马斯洛的自我实现的健康人就是针对弗洛伊德的病态人的。

与此相反，马斯洛也不赞成作为弗洛伊德学派对立面而存在的"成长学派"（如罗杰斯、施瓦尔茨等）过于乐观的治疗观。这是因为，他们又"倾向于透过玫瑰色的眼睛看东西，而且他们总是回避病理问题、弱点问题和**成长失败**的问题"。如果说，弗洛伊德是落在了黑暗的缺失性王国中，成长学派则是飘浮在过于明亮的抽象存在王国中了，所以看起来，他们两者"一个似乎是全部邪恶的和罪孽的神学；另一个似乎是根本没有任何邪恶的神学。因此，二者同样是不正确和不现实的"②。在这里，马斯洛的态度又是整合的：心理病症不只是某些基本需要受挫，更表现为一种"成长或自我实现或完美人性的不足"③，心理治疗也不只是要满足和提供缺失性王国中人所被剥夺的基本需要，也要促进存在王国中的人的丰满人性和人格完善。当然，从马斯洛的根本立场来看，他的现实观点更倾向于后者。因为他曾经把心理治疗直接等同于"寻求价值，因为治疗最终所寻求的同一性，本质上就是寻求一个人内在的、真正的价值"④。

有了这样一个理论上的参照系，马斯洛关于心理治疗的思路就可以清理出来了。

马斯洛指出，在人类社会生活发展的长河中，心理治疗并不是一件新鲜事儿。"只要有社会存在的地方就永远有心理治疗的存在。"⑤在西方，古代的巫师、术士、僧侣、牧师以及近代出现的医生，都曾进

---

① ［美］马斯洛：《存在心理学探索》，44 页。
② ［美］马斯洛：《存在心理学探索》，45 页。
③ ［美］马斯洛：《存在心理学探索》，174～175 页。
④ ［美］马斯洛：《存在心理学探索》，161 页。
⑤ ［美］马斯洛：《动机与人格》，290 页。

行过各种各样的心理治疗，有的通过完全戏剧性的心理疾病的治疗，有的通过更为微妙的性及价值紊乱的治愈，也有的是通过医师的药物和手术治疗而痊愈。这些人为的成就提供的解释彼此千差万别，但是"实践者并不知道他们完成它们的原因和方式"，这仅仅是一种**奇迹**罢了。心理治疗作为一门实验医疗**科学**是现代发生的事情，特别是弗洛伊德精神分析学指导下的心理治疗的出现，才标志着心理治疗科学本身的成熟。所以马斯洛说："从弗洛伊德、阿德勒等人的革命性发现开始，本世纪的心理学发展正将心理疗法从一种无意识的技巧转变为一种有意为之的应用科学。"①

进入现代以后，西方的心理治疗科学发展得十分迅速，各种派别的医疗大师辈出不穷，而心理治疗本身的途径也十分不同。不过马斯洛认为，现代有关心理治疗的主要方式有七种：(1)通过表露(动作的完成、释放、宣泄)；(2)通过基本需要的满足(给予支持、担保、保护、爱恋、尊重)；(3)通过威胁的转移(保护，良好的社会、政治、经济状况)；(4)通过洞察力、知识和理解的改善；(5)通过建议或权威；(6)直接攻其病症；(7)通过肯定的自我实现、个性化或成长。我们能够看出，这里所列的前六种治疗方式，大都与人的基本需要(除去物质方面的生理需要)的缺失和满足有关，而这些被治疗大师们独断地奉为唯一途径的治疗显然都是基本需要的一个方面或一个方面的一个层次断面，因此，把这种治疗视为心理治疗的全部显然是不完整的。马斯洛指出，基本需要某一方面的满足不可能是心理治疗的完成，同样，全部基本需要的满足也不是心理治疗的完成，因为，所有"基本需要的满足是通向全部治疗的最终明确目标，即自我实现之路的重要一步"②。

如果说，基本需要缺失的补偿是心理治疗的第一步，那么如何才能完成这种补偿呢？马斯洛提出，心理治疗首先是一种**良好人际关系**的形成。因为其一，基本需要只能在人际间得到满足；其二，这些需

---

① ［美］马斯洛：《动机与人格》，308页。
② ［美］马斯洛：《动机与人格》，288页。

求的满足物准确地说就是那些我们称作基本治疗药物式的东西，即安全的给予，爱，相属关系，价值感与自尊。① 这就是说，人的基本需要的补偿**"只有通过他人"**才能得到**给予**。这一切需求是丛林、山峦或者爱犬所无法满足的，只有从其他人那里，我们才能获得完全令人满意的尊敬、保护和爱，也只有面对他人，我们才能毫无保留地奉献这一切。而这一切恰恰是我们发现的融洽的朋友、融洽的情侣、融洽的父母孩子、融洽的教师学生所彼此给予的。这些恰恰是我们从任何类型的良好人伦关系中所追求的满足。

马斯洛认为，心理疾病的患者将在一种温暖的、友爱的、民主的伙伴关系中顺利地康复。良好友谊关系和氛围是这些心理基本需要缺失得到补偿的首要前提。

> 相互间的坦率、信任、诚实、缺少敌意都可以被看作是除去其表面价值之外尚具有（附带）的表露性、宣泄性的释放价值……一种健全的友谊也允许表现出大量的服从、松懈、幼稚和愚蠢，因为如果不存在任何危险，并且别人所爱所尊敬的是我们自己而不是我们的勇气和作用，我们就能一还我们的本来面目，感到软弱的时候即是软弱，感到迷惘的时候得到保护，希望推卸成人义务的时候变得天真幼稚。②

这样，人就恢复了自己的真实心态，人就纠正了精神上的畸变和倒错。这样，我们的欲望就不仅仅在于外在地求得安全，为人所爱，还深化为不断地求知，充满好奇，揭露掩藏的东西，开启每一扇门，甚至去构架世界，深刻地去理解生活的本质和价值。于是，我们就会站到一个健康心理状态的起点上去了。

可是，如何才能利用良好的人际关系进行具体心理治疗呢？对此，马斯洛指出了以下一些方面：

---

① 参见［美］马斯洛：《动机与人格》，288 页。

② ［美］马斯洛：《动机与人格》，296～297 页。

第一，"哥哥"式的个人咨询疗法。马斯洛认为，在传统的心理治疗中，咨询家被"设想为一位专家，他懂得一切并从他高高在上的特权地位走到下界可怜的蠢人丛中，这些蠢人什么也不懂而不得不以某种方式接受帮助"①。这是十分不可取的形象。马斯洛赞同布根塔在《对真实的探求》一书中对治疗或心理咨询下的定义，即 Ontogogy，即本体治疗，意思是试着帮助人成长到他们所能达到的高度。马斯洛也将其称为 Psychogogy，即心灵教育。在这里，用什么词并不是主要的，但心理治疗本身应该是一种人与人之间真实的内心交流。马斯洛借用阿德勒的比喻，把心理治疗中的个人咨询称为"哥哥"式的咨询模型。

与那种"教导无知者"，引导迷途羔羊的方式不同，

> 哥哥是亲爱的承担责任的人，正如一位哥哥对他的年轻的幼小的弟弟所做的那样。自然，哥哥懂的多些；他多活了几岁，但他没有什么质的不同，也不是属于另一种推理的范畴。聪明而亲爱的哥哥试着促使弟弟进步，并试着使弟弟胜过自己，在弟弟自己的生活方式中得到更好的发展。②

在马斯洛看来，好的临床医师对心理疾病患者的治疗是出于一种真正的人的爱心。他帮助患者破除那些针对他自己自我意识的防御机制，恢复他自己，理解他自己，而不是把医师自己的想法强加给患者，或以什么方式进行说教，使一位患者模仿医师自己。马斯洛把这种心理治疗称为"一种'道家的'启示和启示后的帮助"。这意味着不干预和不破坏受治者的主体心态，而通过引导让其自然发展。医师不应让患者觉察到他的那一套抽象的参照系统，而应去"尊重这个'小弟弟'的内在本性、本质和精华所在，他会认识到，让他达到美好生活的最佳途径就是充分地成为他自己"③。

---

① ［美］马斯洛：《人性能达的境界》，58 页。
② ［美］马斯洛：《人性能达的境界》，59 页。
③ ［美］马斯洛：《人性能达的境界》，59 页。

第二，人格完善小组。马斯洛认为，心理治疗不只是医师对患者的一种两个人之间良好的人际关系，而且"把一对人扩充为一个更大的组群可能会大获裨益"①。马斯洛提出，利用一定的患者群体造成特定目标的人格完善小组，如"基础交友小组"、"T 小组"（T-groups）②等，"可做到个体心理疗法所做不到的事情"。因为，在个体治疗中，患者还是孤立的，而在这种治疗小组中，患者发现小组的其他成员几乎都与他同病相怜时，发现他们的目标、他们的冲突、他们的满足与不满、他们的潜在冲动与思想在社会中可能几乎是十分普遍的时候，他们就极易扬弃单一感、孤独感、犯罪感或罪恶感。这就削弱了这些潜在的冲突与冲动的精神疾病的诱因动量。③ 在原来的个体心理治疗中，患者是学会同一个人（医师）建立良好的人际关系，而在这里，他开始同整整一组其他的人一起实践，他的信心和感觉是完全不同的。马斯洛曾经十分感慨地谈到治疗吸毒者的社区辛那侬的成就。④ 他认为这种治疗小组简直就是一个"小理想国，一个世外桃源"，它提供了所有社会都应该提供但并未提供的东西，即良好的人际关系！正是这种"沙漠中的绿洲"拯救了一大批心理健康道路上的失败者。

第三，良好社会。马斯洛是在心理治疗中提出"良好社会"概念的。他认为，治疗小组再要扩大，也就要求建立起社会范围内良好的人际关系了。良好社会才是人类心理健康的最大的环境保证，也是治疗心理疾病的最重要的渠道。马斯洛意识到，建立良好社会的要求实际上已经不再是一种狭义心理治疗的含义，而是一种改变现实社会的革命性要求了。因为，

> 这一社会是把成为健全的、自我实现的人的最大可能性提供

---

① ［美］马斯洛：《动机与人格》，313 页。

② 即由卡尔·罗杰斯组织的"敏感训练小组"。马斯洛对此的讨论可参见［美］马斯洛：《洞察未来：马斯洛未发表的文章》，146～159 页。——笔者修订版

③ 参见［美］马斯洛：《动机与人格》，313 页。

④ 参见［美］马斯洛：《人性能达的境界》，224 页。

给他的成员。反过来这就意味着良好社会是依如下方式建立起制度上的契约安排的一个社会，它扶植、鼓励、奖掖、产生最大限度的良好人伦关系以及最小限度的不良人伦关系。①

心理治疗本身，"可以被描述成一种建立小规模良好社会的企图"。而在社会层面上看，心理治疗"也就意味着同一个病态社会中的基本压力与倾向背道而驰。或更概括地讲，无论一个社会基本的健康或病态的程度如何，治疗意味着在个人层面上与那个社会中产生病态的力量进行搏斗"②。所以，如果心理治疗能够得到极大的推广，如果每个心理治疗者每年不是处理若干个患者，而是千百万个病人，那么社会就必将发生革命性变化。而社会越是健康，心理疾病患者就越是容易治愈；反过来，心理健康的人越多，社会中的良好的人际关系越普及，社会也就越健康。这是一个双向治疗的过程。从这里，马斯洛的心理治疗法已经上升为一种社会改良理论，即优赛琴理论，这一塑造优美心灵的工程学我们已经领教过了。

最后，我们还需要特别指出，马斯洛心理治疗的养分还不在于仅仅立足于一种外部的人际关系，在上述三个方面的具体分析中，我们已经发现马斯洛关于心理治疗更深刻的主题，即一切心理治疗只有是通向人的自我实现和人格完善时才是真正有效的。

马斯洛指出，寻求心理治疗的人的主要特征是从前或现在缺乏基本需要的满足，所以，一般的"精神病可以看成是缺失性疾病的"。正因为如此，心理治疗首先是提供那些缺乏的东西，由于这些供应品来自别人，心理治疗**必然是人际的**（建立良好的人际关系！）。但是，马斯洛认为，这个事实被不恰当地过分**泛化了**。因为在一些缺乏性需要已经满足、主要受成长性动机支配的人那里，并没有免除冲突、愁苦和心理混乱。所以，最最重要的一点，心理治疗不只是从某个他人、某种外部环境寻求帮助，而更是患者自己通过向内转的"自我改善和自我

---

① ［美］马斯洛：《动机与人格》，303 页。
② ［美］马斯洛：《动机与人格》，305 页。

检查、沉思和反省"真正完成的。① 任何良好的人际关系和外部治疗，如果不建立在患者自身的**自我发现和人性顿悟**的基础上，都将是徒劳的。

马斯洛认为，把心理治疗的关键定义为"患者的自我理解"是弗洛伊德的一个伟大的新发现。按照马斯洛的理解，这种"自我理解"在现代心理治疗中，就是在造成良好的人际关系（满足其缺失的基本需要）的同时，触发患者本人达到某种主体人格上的"顿悟"或觉醒。在马斯洛看来，一个人的内在人格并不可能由良好的人际关系外在地创造，而只能为患者自身的内在本质所具有。"它不是由治疗家新创造的，而是由他解放出来，以便按它自己的风格成长、发展。"②所以，心理治疗不只是外在的对症下药，还在于要促进患者的人格的恢复和自我彻悟式的格式塔心理转换。**由患者真正认识自己解放自己**，这就是所谓顿悟的含义。马斯洛认为，这种"顿悟疗法"才是心理治疗的最高层次，也是心理治疗最重要、最根本的一环。只有通过这种立足于患者自身的彻悟，使他真正自己认识自己，自己战胜自己，从而认识到人性的完美境界，并看到自己与健康的、完善的人格之间的距离，再真正依靠自己的力量走向真正的自我实现。这才是心理治疗的最终目的和真正的**治本**。人，只有走向人格的完善和自我实现才是真正的心理健康，自我实现是"所有心理治疗的最终目标"。这就是马斯洛关于心理治疗的最后结论。

---

① 参见［美］马斯洛：《存在心理学探索》，33 页。
② ［美］马斯洛：《动机与人格》，109 页。

第六章 结束语：
为什么今天会出现一个马斯洛？

> 我们的时代比历史上任何以前的时代都更明显地处于流动中，处于过程中，更迅速地在改变着。新的科学事实、新的发明、新的技术发展、新的心理事件、物质丰裕等的加速度积累，今天已向每一个人提供了不同于任何以前曾出现过的情境。
>
> ——马斯洛

马斯洛在西方正统（实验）心理学中列入另册，被人视为"第三思潮"；在西方管理学中，以需要层次论被归入"社会人"学派；而在当代西方哲学中，则干脆没有被学界接受。马斯洛的处境是相当微妙的。可在这里，我却洋洋洒洒十余万言，硬拖出一个连西方人也没有论及的**西方人学第五代**——新人本主义哲学构架来（"第五代"通常是最新的意思），是不是太做作了？不！我以为，马斯洛在当代人类思想史上的地位是需要我们重新认真评估的。科学人本主义的确证是我们今天时代精神的冲动和呼唤。马斯洛不属于他自己，而属于今天的时代。为什么？最后，我们再从总体历史背景上讲明道理。

第一节 当代自然科学主体性突现
与马斯洛的科学观

我要说，今天时代精神结构的一个支点是当代科学发展进程中主体性的理论突现。从思想史上看，19 世纪末一直到 20 世纪二三十年代，从狄尔泰、迦达默尔、舍勒、波兰尼到马斯洛，西方人学思想逻辑演进中透映出实证科学的印记,这是人学与科学的融合趋向。而从更深层看,在人类思想中的背后首先是现代科学理性行进的新动意,即现代自然科学总体思想革命中,人的主体性在新的自然科学理论框架中主导地位的确立。

众所周知,哲学理性之最重要的现实基础之一是一定历史条件下的科学认知功能度,而科学理论的核心又是所谓科学理论框架,即一定科学实践水平所产生出来的科学理论模式(范式)系统。① 科学的活动自觉或不自觉地在这种深层结构的支配下绘制出特定的科学世界图景,这也就是哲学家们认知对象世界的重要参考系。所以我们可以说,有什么样的科学理论框架就会有什么样的科学,并由此产生同构认知功能度的哲学。因此,科学理论框架的转换必然导致科学世界图景的变换,乃至哲学认知层次的改变。关于这一点,我们可以从现代自然科学总体思想革命进程中清楚地看到。

自然科学的理论框架是科学历史发展一定阶段上的产物。古代社会的自然科学理论结构是与当时的人类认识结构直接合一的,并且更多地通过哲学的思维方式表现出来。近代自然科学的理论结构,其实是人类几千年科学思想历史发展积淀内化的第一个总体理论框架,这也是人类自然科学深层理论结构的经典形态。从科学发展的总体来看,牛顿的科学理论体系正是这一形态的具体表现,这也是自然科学发展结束其史前状态后的第一个科学理论框架。我们发现,这个经典科学理论框架的基本功能特征为:事物与现象的独立的实体性,事物关联的线性因果性,事物和现象属性及其认知结果的**普适性、永恒性、绝对性**,以及科学本身排除人(主体)-社会因素的理想式的纯粹客观性。在这种科学观念中,科学似乎是一种关于**物的直观理论**,人不过是站在这一过程之外,接受着一种完全来自客观外界的真实物相和客观规律。科学意味着非人的、客观的。正是这样一种科学的总体范式,成了整个近代自然科学自身存在和运动的内在法则。这也成为人类总体

---

① 参见张一兵:《论科学真理的政府框架制约及其现实基础》,载《学术季刊》,1988(3)。

认知结构的一个来自科学的重要特质。

可是，在 19 世纪末、20 世纪初的物理学试验中，原来被科学家们认为是"晴空万里中的几朵乌云"爆炸了。在放射线和微小粒子的发现中，人们目瞪口呆地发现先前被视为客观世界基石的"原子"破裂了，经典自然科学那种完美的世界图景被粉碎了。人们猛然意识到，科学的世界其实是**人的视界中的**外部世界，而不是纯粹的外部世界。从此，一场新的科学思想革命开始了。这是一次格式塔转换式的总体理论框架变革。

首先是由爱因斯坦科学理论所创建的新的科学原则。从爱因斯坦第一次推断了"同时性"概念的相对性到他完成广义相对论的论证，他无形中已在遵循着一个与牛顿截然不同的科学原则（总体理论范式）：原来牛顿告诉我们，科学是客观规律的结构，科学真理是对外部世界及其本质的真实描述；而爱因斯坦则说，牛顿（整个旧自然观）是**理想**，科学即历史，科学真理不过是**人的**科学认知过程。在旧科学范式认为人们的科学认知结果具有普适性、永恒性和绝对性（客观性）的地方，新的科学原则却印上了**相对性、历史性和主体性**的字样。这就导致了科学发展本身对经典科学理论框架的对应性否定和新框架的确立。①

其次，是量子力学对经典科学理论框架经验基础的否证。量子物理学不仅是自然科学进展的成果，更是新的理论视界。外部世界的微观结构、基本粒子运动的统计规律以及这一微观图景的测不准性，使科学世界图景参照系的主要参数从根本上被替换了：首先是实体规定，然后是线性因果观，最后是机械决定论。量子力学证明了，原来人们用以观察外部世界的一切，不过是**人为的特定认知水平上的窄狭图景**，量子力学在告诉人们，**人又看到了一个新的微观世界**。科学图景是**人描绘的**，人有多大的笔，就能画出多大的科学图景。这一切的基础正是人的科学实验之认知功能度。

再次，系统科学奠定的人的新认知方式。科学新范式的建构使科

---

① 参见张一兵：《现代自然科学总体理论框架的新特征》，载《哲学动态》，1985(1)。

学本身的历史运转亟需获得一种新的理论运动形式，于是，系统科学便应运而生了。人们在系统论、控制论、信息论以及不断涌现出来的耗散结构论、协同学、突变论、自组织理论等新学科中，不仅深一层地认知了客体和科学本身的本质结构，更重要地是发现科学主体观察世界和自我的新的认知方式。

最后，科学新范式的全面泛化和总体革命的发生。20 世纪中叶以后，整个自然科学理论和技术都进入了革命的状态。化学、生物学、地质学、宇宙学以及所有技术工程学，全部现代科学的整体变革像核裂变似的从内部向外部迸发出来，从潜在的理论创化实现为一种整体更新。这是一种真正的现代自然科学的总体革命。

我认为，这场科学革命最重要的意义就是新的科学理论框架的形成，由此，自然科学本身第一次获得了一种真实的生存方式。在这里，任何形态的科学都不再被描述为某种最终的真理或离开人而存在的"规律"，科学真理永远是人的科学思想运动的一部分或一阶段。这也就是 20 世纪自然科学主体性本质的凸现。人永远只能站在身躯实践水平上认知对象和自我，科学是人的认知发展的科学。

我们看到，科学的主体性几乎成为现代科学理论和科学哲学研究的基点。人们好像突然发现了科学认知中新的大陆：人们不仅看到了微观世界（量子力学），还注意到新的宇宙世界和世界本身的人择性（宇宙学）；人们发现自己直接依存的自然环境更多地是人工自然（西蒙）；人们不仅发现主体观察外部世界要受到仪器和观测视角的影响，还发现科学认知本身的形成与确定其值的实验操作程序有关（布里奇曼）；人们甚至提出了"理论先于观察"，把主体作用直接推上了科学的前台（波普尔、皮亚杰等）；人的潜意识（弗洛伊德）、人的功利效用性（实用主义）、人的社会文化传统以及社会政治的意识形态构架（阿尔都塞）……这一切都使编织科学图景的经纬线变得复杂起来。人，在原来清澈、透明的科学之光中却成了无所不在、无时不在的巨大阴影。这就是马斯洛向科学索要人性的真实背景。

马斯洛科学人本主义的思想主题是科学思想进程的要求。现代自然科学总体革命中人的主体性的凸现本身就是一种科学与人性的内在融合和重组再生，它直接提供了科学人本主义在实验科学中萌生的理论可能性。早在 20 世纪 30 年代，作为科学史学家的 G. 萨顿和 C. P. 斯诺就对这种科学观的动意表示了关注。在萨顿的《科学史和新人道主义》一书中，他直接用"科学人道主义"一词来表达科学主体性的巨大理论张力。之后，又有过不少科学家多多少少地涉及这一主题，但是这种思想的火花大都湮灭于科学的直观中。马斯洛（包括波兰尼）的意义，正在于他们从**科学中**走了出来，并迅速将这种科学的主体性升华为一种哲学意向，这是顺应科学发展之大势的。正是当代科学告诉我们：科学是人的，人也应该是科学的！

由此我们能够看出，科学与人性（价值）的双向建构实际上是从科学理性自身的逻辑发展中凸现出来的整体特质，它并不是马斯洛的主观逻辑构造。哲学作为科学的一种"形而之上"的道理，只能依存于科学本身的真实发展，在人类总体精神结构中科学理性的演进里，不断改变自身的功能运演系统特质和内在结构。不过，哲学的映射历来都会比科学本身更加集中、优化和夸大一些。

第二节　现时代的社会发展与人的发展可能性

在时代精神结构的另一个支点上，是当代人类社会生活本身的现实发展。对此，我们可以从一个表层问题入手，即马斯洛的科学人本主义为什么发生在当今资本主义最发达的美国，而不是印度、埃塞俄比亚或其他第三世界国家？我以为，这也并不是偶然的，因为马斯洛的人学是**当代社会实践新格局的必然产物**。他展示了人类在社会生活**丰裕物质条件**中凸现出来的新的发展可能性。在这一点上，我们也说马斯洛属于时代。

在今天的社会发展中，当代资本主义的确是大大地向前走了。大家都知道，20 世纪初，西方大多数资本主义国家的处境都是十分困难的。虽然，从 19 世纪末，通过在原来自由资本主义框架内部的资本集中和垄断等高强措施，也曾使资本主义生产方式内部的冲突得到某种程度的缓解。可是，紧接着却又是来自再生产总体和社会深层结构的更大规模的经济危机。20 世纪 20 年代末,资本主义国家的世界性经济危机的周期振荡几乎使资本主义的生产构架产生了深深的裂缝,在外部,俄国十月革命的胜利和工人运动的高潮又从政治上威慑着资本主义的制度。在人们眼中,资本世界似乎就要垮台了,列宁关于帝国主义垂死性的政治断言似乎立刻就会兑现。可是,此时人们却忽略了马克思曾经标注过的资本主义生产方式那种内在的功能上的"灵活性",在关键时刻,它能够导致资本主义生产方式的"变革"。① 正如马克思所说,资产阶级并不会使自己的社会生产关系凝固化。在生产力发展的压迫下,它必定会在**一定的限度内**不断地去进行适应性调整,以维系自身的生存。很显然,当代资产阶级急需一种能缓解生产方式冲突、医治危机和失业,以解救资本主义的灵丹妙药。于是,凯恩斯主义便应运而生了。

英国著名经济学家凯恩斯②在 1936 年发表了《就业、利息和货币通论》。在此书中,他试图直接从总体上、从宏观需求本身的不平衡来说明就业等根本问题出现不平衡的原因,因而提出必须由政府来调节经济,促使总需求与总供给相适应的观点。他认为,扩大国家对经济的干预,是"唯一切实的办法,可以避免现行经济形态之全部毁灭"③。连凯恩斯自己也没有意识到,他这一帖药方竟然成了当代"经济学中的哥白尼式革命"的先导。其实,凯恩斯主义只是一种理论表征,这种冲动的真实基础是我们先前已提到的那种来自资本主义生产方式内部的激烈冲突。在凯恩斯《通论》发表以前,美国人已经有了向国家垄断和调节发展的罗斯福的"新政",而西方经济学界也普遍出现了要求政府调控经济的呼声。凯恩斯无非是将这一趋向在经济理论上系统化了。

---

① 参见马克思:《剩余价值理论》第 3 卷,490 页,北京,人民出版社,1975。

② 凯恩斯(J. M. Keynes,1883—1946):英国当代著名经济学家。曾任英国政府内阁财政经济顾问委员会主席。其主要著作有:《货币改革论》(1923)、《劝说集》(1932)、《就业、利息和货币通论》(1936)等。

③ [英]凯恩斯:《就业、利息和货币通论》,徐毓枬译,323 页,北京,商务印书馆,1983。

在这里，我们需要弄清楚"凯恩斯革命"的实质究竟是什么。我们知道，按照马克思的分析，资本主义生产方式内部的根本矛盾是社会化大生产的发展与生产资料私人占有格局的冲突，生产力要求社会整体对生产本身的控制和自觉调节，这种结果将是资本主义私有制的破裂和社会主义的出现。可是，有没有可能在保存私有制的前提下，达到与社会化大生产要求相适应的可能性呢？马克思没有论及。我们发现，凯恩斯主义的实质正是这样一种逻辑跃迁，即通过资产阶级以**一个整体**（国家）来占有生产资料的形式，对应于生产力不断发展的整体要求；同时，生产过程从外在的盲目客体运转（"类似自然界的形式"）向宏观的**主体控制**（总体资本家）过渡，使价值规律的"看不见的手"变成**人的**看得见的手。这种来自生产方式内部的结构调整和功能转换，其结果必然是大大缓解了生产方式内部的冲突，从而使经济发展过渡到一个新的层面上来：生产力的新的长足进步。

第二次世界大战是"凯恩斯革命"的催化剂。一方面，战争的爆发使西方主要资本主义国家的失业现象消失，使停滞的经济转向战时的高涨。另一方面，战争使资本主义迅速成为**国家**军事资本主义。首先在联邦德国和日本，然后是整个西方。更重要的是，在战争结束以后，国家的全面垄断和调节经济的措施已由战时特殊局势下的非常手段转变为经常性的制度，成了现代资本主义再生产全部运行机制中不可缺少的组成部分。

在这一新阶段上，西方资本主义国家普遍采取的干预经济的主要措施有：（一）国家的**计划与预测**，这是用来克服市场自发势力盲目破坏性的手段；（二）加强经济的国家一体化，使资本集团统一起来，成为一个**主体**；（三）加强对科研和新技术应用的国家控制，**人的科学**成为资本的第一生产力；（四）有效地采用新的意识形态控制，把工人阶级**"一体化"**（整合）到资本主义制度中去。这样就使得资本主义的生产发展发生了一些极为重要的变化：首先，自由资本主义商品生产中的那种非主体性物化特征在一种新的层次上被总体资本的**主体性**取代，人们开始自学控制自己的生产了；其次，生产中的主导因素更直接地转移到人的主体方面来了，人的科学在实践格局中的地位日益突出。

显然，人的主体性虽然还是以总体资本的形象出现，但人毕竟从消极的被动状态中走出来了。这种生产格局的重要改变必然极大地促进生产力的发展，在科学技术革命的协同作用下，使人类社会生活在发达生产力水平上呈现出一幅新的图景，即社会历史生活的**人性**(人的自我确证)图景。

现代社会生活的第二个重要特征是**整合性**。我们知道，资本主义经济发展垄断特征在 20 世纪初的突现，是对自由竞争市场效应消极面的一个补充，在凯恩斯主义中，这种资本主义生产的控制能力集聚为政府对经济发展的计划性。① 甚至第二次世界大战以后，一些发达资本主义国家出现了大量的国有经济部门。这是现代社会结构中的巨大现实矛盾，因为资本主义国家干预的措施并没有根本改变资本私人占有的制度，冲突是必然的。20 世纪 70 年代以后，凯恩斯主义迅速变得黯然失色，在资本主义大框架中的国有经济越来越衰败，于是又有了弗里德曼的新自由主义和其他非凯恩斯经济学，以重新强调市场作用来抑制日益扩大的国家干预。② 当然，非凯恩斯经济学的出现，并没有改变资本主义基本经济运行的机制，只是在同一层面上充当了国家控制经济互补的另一面。所以，在当代资本主义经济结构中，出现了一种综合性的**功能整合**，资本主义把市场与计划、自由竞争与垄断、宏观调节与微观上的自发运转统统融合起来，只要能够维系现代经济生产的运转，不改变根本制度(私有制)，一切都是可以兼容的。这使得经济生活，同时也使整个社会生活获得了一种**多元混合性**和非单一性的特征。

---

① 笔者不赞成苏联学者的说法，即资本主义经济的计划性是采用了社会主义经济的某种特点。资本主义经济的计划性是社会大生产发展的必然结果，是生产的内部机制，而不是"学来"的。参见［苏］德拉基列夫主编：《国家垄断资本主义：共性与特点》，黄苏、王文修、陈德照等译，28 页，上海，上海译文出版社，1982。

② 弗里德曼(Milton Friedman，1912—2006)：美国当代著名经济学家，曾任美国政府高级经济顾问。其主要著作有：《货币数量论》(1950)、《失业与通货膨胀》(1975)、《自由选择》(1980)等。

　　我认为，现代生活的这种主体性和总体性是马斯洛人学的来自实现社会历史过程的依据。同时，更重要的一点是，正是西方发达资本主义国家 20 世纪中叶以来的高速经济发展，才创造出马斯洛之所以能够透视人性最高境界的生活基础。显而易见，在 19 世纪中叶以前的社会生活中，人们的基本生存条件都不能得到充分的满足，人的高级需求在整体上的追求尚不是一种现实的可能性。而一旦生产力的发展向科学化的高层次运动，必然使劳动者的生产条件和生活条件大大改善，同时，对劳动者的尊重和主体多层面需要的关注也成为可能。与现代社会生产运转直接相关的管理科学中人的主题之突现是十分典型的例证，它说明，也只是在社会生产发展到一定的水平、具备一定质点的条件时，现实生产中对人的主体状态的关心和肯定才有可能。人的主题是从生产进程中被现实提出和实现的。所以，这种来自社会发展深处的人道主义呼声只可能出现在美国这样的国家，而不可能出现在经济不发达的社会中。这也是历史的必然。关于这一点，马斯洛多少是意识到了的。所以他的科学人本主义的现实对应点总是落在发达资本主义国家的人（又是精英分子们）的生存状态上，而不是落在那些仍然追求人的基本生存需要的不发达国家的人的物质生活条件匮乏状态上。这是十分明显的。

　　所以，我们又可以说，人的主体性之高扬也是人类社会历史发展的必然要求。这种来自社会生活进步的促动，把多少年来仅仅停留在抽象人道主义理想中的人的自我实现，再一次安放在现实生活的基础上。人，终于可能在现实的土地上向前迈进了。它不仅要获得肉体的完满生存，而且要重新组构自己一度被物化的心灵，人要同时获得灵与肉的完满境界。这不是马斯洛的好恶，而是人在历史的行进中的新的一步。

第三节　我们究竟能向马斯洛学点什么？

　　我们说，马斯洛属于今天的人类时代。在人类历史发展的深层逻辑上，这是人类自身发展中那种以总体自我无意识、自我牺牲为客观历史实现代价的"必然王国"时期终结，人的主体性的现实历史"复归"、自觉创造历史的"自由王国"新纪元到来的映现。科学、社会实践和人的现实生活，在人的发展断面上喷发着巨大的能量，人，在漫长的痛苦历程中终于又回到了自身。这是一个现实历史政治面目的否定之否定。人带着无数的艰辛努力、无数的悲苦失败和无数的不懈争斗从那个自然混沌的人的原点走过了他史前时期的童年、少年和青年时代。这的确是一段"非人的"历史，人做过自然的依附物，做过人的自然血族关系的依附物，做过这土地和"神"的依附物，最后还做过自己创造出来的强大的人的物化世界的依附物，人始终没成为自己，没有在现实中从自己出发，这是历史的必然进程。可是，人也恰恰在这样一个漫长的对象化的过程中找到了自己，**生成了**自己，完成了从抽象人到具体现实人的历史过渡。在人学逻辑上，人的确被异化过；在现实中，人却刚刚被真实地创化出来。今天，是人类进步的新起点，一个真正的人的历史正在开始。

我要说，马斯洛的意义也就在于向人们告示了这一历史进程的到来。他是一个人学新世纪的但丁，他吹响了令人猛醒的号角。也正是在这一点上，马斯洛以自己的理论建树取得了思想史特别是人学思想史上不可取代的地位。

行文至此，我们还得再提出一个问题：我们究竟能和马斯洛学点什么？我认为，马斯洛给我们最大的启示，不是他所展现的一幅新的人学图景本身，而是一种新的视角，仅仅是一种科学的出发点，即建立于科学基础上的**总体整合的人性观**。

在马斯洛那里，他恰恰摆脱了长期以来整个西方思想史行进的路线，即在**片面性中发展真理的道路**。按照列宁的说法，就是把思想发展的曲线夸大为直线，造成"阿拉伯式花纹"的"不结果实的花朵"。马斯洛的人学观却是整合的、辩证的：他反对科学与人性的分离，也反对人学的形而上学传统；反对人类主体创造性的绝对性张扬，也反对那种用决定论抹煞人的超越性的反人态度；反对将人变成一种理性的机器，也反对把人变成只有感性冲动的动物；反对抽象的、逻辑导引的类本位，也反对仅仅落在现实此岸世界中的个人本位；反对人性结构的物化，也反对人性规定的伦理升华……马斯洛要求一个科学的、完整的人性结构。这一点，是历史的要求，也是科学研究人的基本要求。

我以为，马斯洛的人学出发点与马克思对人的看法在理论逻辑上是有接近之处的。马克思的人道主义正是一种**科学的、现实的、整体的人性观**。马克思在1845年创立了实践唯物主义的世界观，从传统人本主义中彻底挣脱了出来，但是，马克思绝没有抛弃人，而是把人的研究和理解放在历史现实的基础上来了。在马克思那里，人道主义是共产主义的最高目的，它集中体现在人类的最终解放之中。当然，马克思理解的人，不再是《1844年经济学哲学手稿》中那种逻辑导出来的合理（劳动异化的扬弃和对本体的复归），而是一种科学的事实的历史形成。同样，这也绝不仅仅是一种寻求人的物质利益的丰裕（"无产阶级摆脱经济贫困"），而是一种人的全面自由发展，共产主义的"自由王国"，恰恰是对外在于人的"必然王国"的超越，必然王国仅仅是人类获得自由发展的内在条件。可是，马克思在人的研究上的这些科学论断，却被他的那些不肖子孙们抛到了九霄云外，在传统的马克思主义解释框架中，人是被否定的。作为社会历史发展主体的人被抽空了，客体在运动，规律在作用，恰恰是人不存在了，社会历史的人的主体性变异为永恒的**自然历史性**，这是十分可悲的。这种非人的理论注释是违背马克思主义的。

我认为，今天的马克思主义首先需要**历史的还原**。让我们重新回到马克思关于人的科学理解的"本文"上去。同时，再在当代思想史的最新断面上进行新的**理论建构**。① 在这个过程中，马斯洛的科学人本主义正提供了这样一个逻辑运演的参考点。马斯洛在今天从科学中确证了马克思主义对人的本真理解基点，在这一点上，马斯洛是高大的。

当然，承认马斯洛人学理论的历史合理性，并不意味着我们完全赞同他的全部观点。大家已经注意到，在本书中，笔者并没有简单地

---

① 参见张一兵：《实践唯物主义是一个新的哲学框架》，载《哲学动态》，1989(5)。

站在马斯洛的对面，去外在地评价他的每一理论环节，特别是没有用"唯心主义"和"唯物主义"的标签去进行格式化的褒贬。我们总在论述中努力避免对西方哲学思想研究中的两种传统思路。其一，是根本不深入到研究对象中去，只是按照一个抽象的模式把某一思想家的逻辑肢解为几个方面，再用生硬的教条标准去进行"批判"；其二，是干脆成为研究对象的俘虏，掉在对象的逻辑之网中淹死了。唯一科学的方法应该是，首先"现象学地进入对象"，真实地再现研究对象的自身逻辑，让对象的内在规定以还原后的思路逐步呈现出来，让研究对象的本文视界映现是科学研究的前提。同时，我们又必须能够随时走出对象，以社会历史和科学思想史为参照系，找到对象逻辑每一层次在思想史之网中的确定地位和联结点，科学研究的本质是向人们显示它（对象）究竟向思想史宝库**提供了什么有价值的东西**。这就是本书遵循的基本分析方法。对于马斯洛，我们也始终力图做到这一点。

同时，理解本身也就是一种不同视界的融合，评述已经包含着批判。因此，对于马斯洛的全部人学理论，我们不想再为其每一细节进行全面的否证性评估。在此，我们仅仅指出马斯洛人学逻辑的一个致命的弱点，即**非历史性的问题**，以代读者作进一步思考的新基点。

当走出马斯洛的逻辑，站在我们的立场上——马克思实践唯物主义的视界上，再来纵观马斯洛人本主义心理学的整个内在理论构架时，我不得不说，马斯洛的科学人本主义**在总体上**是非科学的。这主要是由于**他的全部理论逻辑展现了不自觉地丧失了现实社会历史和思想史发展的真实基础**。马斯洛在人学理论逻辑本身的运演中几乎是成功的，可他没有发现科学人本主义逻辑建构的现实可能性恰恰是历史发展的现实可能性。历史是逻辑的统一基础。这一理论盲点导致了马斯洛人学逻辑中的某种独断的色彩。对此，我们可以略做一些分析。

从科学人本主义的建构原则上看，我们已经在现代社会实践和科学思想史的发展中找到了这一哲学意向的历史冲动之源，对此，马斯洛是没有总体透视的。在本体论中，马斯洛把需要变成了一个非历史的东西，因而看不到需要本身恰恰是历史的产物，远古时代的人的需要肯定不同于现代人的需要。同样是作为生理需要的饥饿，"但是用刀叉吃熟肉来解除的饥饿不同于用手、指甲和牙齿啃生肉来解除的饥饿"①。爱、尊重和审美的需要在任何一个时代的意义都不可能是相同的。需要只能由历史发展的人类社会生活形成其特定的内容和地位，需要是被产生出来的引导动机。在认识理论中，也许任何一个时代中的人都有自己的高峰体验，但这种体验的价值取向和主体意境场是绝对不会同一的，几千年前东方道家的无为之境与马斯洛在 20 世纪 70 年代现代西方社会文明高度发达之上感受到的东西是大相径庭的，这恰恰是一种历史的否定过程中，高级阶段仿佛向原点的复归。② 说到底，就是马斯洛自己罗列的作为**今天**人性能达到的最高境界的自我实现之感性规定，谁能保证在人类未来社会中不被超越或扬弃为一种低层次的需要环节呢？

我们说，这正是马斯洛科学人本主义哲学中内在矛盾的最大病源。人性的实现，个体与类的统一，以及应该与现实的矛盾都不仅仅是抽象的理论操作问题，而首先是一个历史实践发展的问题。人类社会历史实践功能度是什么样的，我们才能在什么样的视界上透视世界和人自己。

但是，不管马斯洛的理论有多少毛病，在总体逻辑上有怎样的不合理性，它毕竟向我们开启了一个新的哲学认知境界。无论是解决价值与科学的矛盾，还是主体与客体宏观认知的相互关系以及人类社会未来主体生存境况的构想，马斯洛都提出不少精深的见解，令人大开思路，领悟匪浅。在今天，要发展中国的哲学，没有对世界思想史发展最新成就的深层透视，是不可能的。所以，我以为马斯洛的理论是值得我们进行认真的深层批判和细细玩味的。

---

① 《马克思恩格斯全集》第 46 卷上册，20 页，北京，人民出版社，1979。
② 参见本书第三章第四节。

主要参考文献

Maslow, Abraham H., *Motivation and Personality*, Harper & Brothers, 1954.

Maslow, Abraham H., *The Psychology of Science*：*A Reconnaissance*, New York：Harper & Row, 1966.

Maslow, Abraham H., *The Farther Reaches of Human Nature*, Penguin Book, 1993.

Maslow, Abraham H., *Toward a Psychology of Being*, Start Publishing LLC, 2012.

Maslow, Abraham H., *Future Visions*：*The Unpublished Papers of Abraham H. Maslow*, edited by Edward Hoffman, SAGE Publications Ltd., 1996.

OLDS, J., "Physiological Mechanisms of Reward", in *Nebraska Symposium on Motivation*, 1955, 3：73-138。

KAMIYA, J., "Conscious Control of Brain Waves", in *Psychology Today*, 1968, 1：56-61。

［美］马斯洛：《存在心理学探索》，李文湉译，昆明，云南人民出版社，1987。

［美］马斯洛：《人性能达的境界》，林方译，昆明，云南人民出版社，1987。

［美］马斯洛：《人的潜能和价值》，林方译，北京，华夏出版社，1987。

［美］马斯洛：《动机与人格》，许金声、程朝翔译，北京，华夏出版社，1987。

［美］马斯洛：《自我实现的人》，许金声、刘锋译，北京，生活·读书·新知三联书店，1987。

［美］弗兰克·戈布尔：《第三思潮：马斯洛心理学》，吕明、陈红雯译，上海，上海译文出版社，1987。

［美］马斯洛：《科学心理学》，林方译，云南人民出版社，1988。

［美］马斯洛：《人类价值新论》，胡万福、谢小庆、王丽等译，石家庄，河北人民出版社，1988。

［美］马斯洛：《洞察未来：马斯洛未发表的文章》，许金声译，北京，华夏出版社，2004。

［英］波兰尼：《科学、信仰与社会》，王靖华译，南京，南京大学出版社，2004。

［英］波兰尼：《个人知识——走向后批判哲学》，许泽民译，贵阳，贵州人民出版社，2000。

［英］波兰尼：《意义》，彭淮栋译，台北，台湾联经出版公司，1981。

［英］波兰尼：《认知与存在》，李白鹤译，南京，南京大学出版社，2017。

[英]波兰尼:《社会、经济与哲学——波兰尼文选》,彭锋、贺立平、徐陶等译,北京,商务印书馆,2006。

[英]波兰尼:《波兰尼讲演集》,彭淜栋译,台北,台湾联经出版公司,1985。

《马克思恩格斯全集》(中文第 1 版)第1—50卷,北京,人民出版社,1956—1985。

马克思:《剩余价值理论》第1—3册,北京,人民出版社,1975。

[德]狄尔泰:《精神科学引论》第 1 卷,童奇志、王海欧译,北京,中国城市出版社,2002。

[瑞士]皮亚杰:《儿童心理学》,吴福元译,北京,商务印书馆,1980。

[瑞士]皮亚杰:《儿童心理的发展》,傅统先译,山东教育出版社,1982。

[美]B. R. 赫根汉:《人格心理学导论》,何瑾、冯增俊译,海口,海南人民出版社,1986。

[美]N. R. 汉森:《发现的模式》,邢新力、周沛译,北京,中国国际广播出版社,1988。

[美]托马斯·库恩:《科学革命的结构》,李宝恒、纪树立译,上海,上海科学技术出版社,1980。

[德]尤尔根·哈贝马斯:《交往与社会进化》,张博树译,重庆,重庆出版社,1989。

[美]赫伯特·马尔库塞:《单向度的人》,刘继译,上海,上海译文出版社,1989。

[德]布洛赫:《希望的原理》第 1 卷,梦海译,上海,上海译文出版社,2012。

[美]弗罗姆:《健全的社会》,欧阳谦译,北京,中国文联出版公司,1988。

[美]弗罗姆:《为自己的人》,孙依依译,北京,生活·读书·新知三联书店,1988。

[德]弗罗姆:《逃避自由》,陈学明译,北京,工人出版社,1987。

[日]铃木大拙,[美]E. 弗罗姆、R. 德马蒂诺:《禅宗与精神分析》,洪修平译,沈阳,辽宁教育出版社,1988。

[美]丹尼尔·A. 雷恩:《管理思想的演变》,孙耀君、李柱流、王永逊译,北京,中国社会科学出版社,1986。

[英]凯恩斯:《就业、利息和货币通论》,徐毓枬译,北京,商务印书馆,1983。

[美]G. 戴维·加尔森汇编:《神话与现实》,裴彭龄、李振洁、夏白桦等译,北京,工人出版社,1985。

[美]罗伯特·梅逊:《西方当代教育理论》,陆有铨译,北京,文化教育出版社,1984。

李泽厚:《中国古代思想史论》,北京,人民出版社,1985。

潘菽:《论个人实现与社会实现的心理学问题》,载《中国社会科学》,1988(6)。

刘翎:《音乐需要聆听》,载《南京日报》,1988-08-28。

张一兵:《论当代哲学认识论研究方向的重大转变》,载《求索》,1987(3)。

张一兵:《现代自然科学总体理论框架的新特征》,载《国内哲学动态》,1985(10)。

张一兵:《马克思主义哲学的历史还原和新的理论建构》,载《江海学刊》,1989(3)。

张一兵:《中国现代文化研究的哲学认识透视》,载《社会科学研究》,1989(5)。

张一兵:《人类社会历史发展永远是一个自然历史过程吗?》,载《天府新论》,1988(1)。

张一兵:《论科学真理的政府框架制约及其现实基础》,载《学术季刊》,1988(3)。

后　记

　　1981年，当我完成哲学硕士论文、跨出南京大学校门的时候，曾默默地许过一个愿：将来要把出版的第一本书献给李华钰老师。今天，我如愿以偿了。

　　李老师是我研究生学习时的导师，也是第一位引导我走向哲学殿堂的人。像任何一位传统的中国学者一样，她在自己无言的身体力行中给了我进入精神悟境的指教：先做一个真实的人，再去做学问。最令人敬佩的，是她那融进血液中的忘我献身精神。我是在自己淤滞于险恶逆境时深深体验到这一点的。我忘不了。当然，像其他每一位当代中国青年理论工作者一样，我们的幸运都得之于今天的时代。然而使我更加有幸的是，能够直接得到胡福明教授和孙伯教授的点拨：如果说胡老师给了我整个思想框架的开放前提，那么孙老师则赋予我理论建构的基本逻辑和历史解析的构架。我能向前走，将来或许能有些学术上的建树，大概永远得感谢这几位先生为我铺叠的每一块基石。我衷心感谢他们。

　　这些年，我倒一直信奉着这样一个信念：哲学需要理论的历史积淀。所以，总是读书，总愿意多想想，多磨磨，难得自我张扬什么（固然也写过一些，却大都为读书笔记之类的东西）。仿佛总有一个声音在对我说：过几年再卖自己的酸果子吧！由于不想过早地把自己圈在一个狭小的视界中，就到处撒网，到处吸吮，始终拒绝思路的闭合。也许正由于这样的原因，我虽然不是搞西方哲学的，倒在书海泛舟中时常穿梭于这一领域，而当我时常感到不少学子仅仅满足于翻译资料的重新组合（"玩西方哲学"）或转述洋人的第二手评述材料时，就忍不住要说几句我的想法。其实，突然面对世界的中国哲学界，这几年不过是漫画式地快速重演着现代西方人在思想史上走过来的一切。这或许是必然的。可是，我总想，在了解西方学术思想的过程中，作为中国学人，我们总得在离开西方人的思想构架后，有点儿属于与我们自己民族逻辑视界融合的东西。我们只能靠自己的东西立于世界，建树于人类思想史。不是吗?!

这本小册子多半就是这种心境中的产物。先是读书心得，有一个自己对马斯洛思想进行哲学解析的架子，后来有了学林出版社曹维劲、李东几位老师的认可和支持，于是在骨头上又生出些血肉，便成了此书。

在此，我还要致谢《人文杂志》的王玉梁、张蓬老师，《青海师范大学学报》的郭洪纪老师，感谢他们允许我在本书中采用了我已发表在他们刊物上的有关论文的部分内容。

张一兵

1989 年 3 月于石头城

图书在版编目（CIP）数据

科学人本主义：马斯洛存在心理学的哲学研究（修订版）/
张一兵著. —北京：北京师范大学出版社，2020.7
（中华学人丛书）
ISBN 978-7-303-27018-7

Ⅰ．①科… Ⅱ．①张… Ⅲ．①马斯洛（Maslow，Abraham
Harold，1908—1970）—人本心理学—研究 Ⅳ．①B84-067

中国版本图书馆 CIP 数据核字（2021）第 110954 号

营　销　中　心　电　话　010-58808006
北京师范大学出版社谭徐锋工作室微信公众号　新史学 1902

KEXUE RENBEN ZHUYI MASILUO CUNZAI
XINLIXUE DE ZHEXUE YANJIU（XIUDINGBAN）
出版发行：北京师范大学出版社　www.bnup.com
　　　　　北京市西城区新街口外大街 12-3 号
　　　　　邮政编码：100088
印　　刷：北京盛通印刷股份有限公司
经　　销：全国新华书店
开　　本：710 mm×1000 mm　1/16
印　　张：11
字　　数：145 千字
版　　次：2021 年 10 月第 1 版
印　　次：2021 年 10 月第 1 次印刷
定　　价：69.00 元

策划编辑：谭徐锋　　　　　责任编辑：曹欣欣　于东辉
美术编辑：王齐云　　　　　装帧设计：王齐云
责任校对：段立超　　　　　责任印制：马　洁